建筑科普丛书

中国建筑学会　主编

建筑的文化理解
——文明的史书

秦佑国　编著

中国建筑工业出版社

建筑科普丛书

策　　划：仲继寿　顾勇新

策划执行：夏海山　李　东　潘　曦

丛书编委会：

总　序

建筑学是一门服务社会与人的学科，建筑为人们提供了生活、工作的场所和空间，也构成了人们所认知的环境的重要内容。因此，中国建筑学会一直把推动建筑科普工作、增进社会各界对于建筑的理解与认知作为重要的工作内容和义不容辞的责任与义务。

建筑是人类永无休止的行动，它是历史的见证，也是时代的节奏。随着我国社会经济不断增长、城乡建设快速开展，建筑与城市的面貌也在发生日新月异的变化。在这个快速发展的过程中，出现了形形色色的建筑现象，其中既有对过往历史的阐释与思考，也有尖端前沿技术的发展与应用，亦不乏“奇奇怪怪”的“大、洋、怪”建筑。这些现象引起了社会公众的广泛关注，也给建筑科普工作提出了新的要求。

建筑服务于全社会，不仅受命于建筑界，更要倾听建筑界以外的声音并做出反应。再没有像建筑这门艺术如此地牵动着每个人的心。建筑，一个民族物质文化和精神文化的集中体现；建筑，一个民族智慧的结晶。

建筑和建筑学是什么？我们应该如何认识各种建筑现象？怎样的建筑才是好的建筑？这是本套丛书希望帮助广大读者去思考的问题。一方面，我们需要认识过去，了解我国传统建筑的历史与文化内涵，了解中国建筑的生长环境与根基；另一方面，我们需要面向未来，了解建筑学最新的发展方向与前景。在这样的基础上，我们才能更好地欣赏和解读建筑，建立得体的建筑审美观和赏析评价能力。只有社会大众广泛地关注建筑、理解建筑，我国的建筑业与建筑文化才能真正得到发展和繁荣，才能最终促进美观、宜居、绿色、智慧的人居环境的建设。

本套丛书的第一辑共6册，由四位作者撰写。著名的建筑教育家秦佑国教授，以他在清华大学广受欢迎的文化素质核心课程“建筑的文化理解”为基础，撰写了《建筑的文化理解——科学与艺术》《建筑的文化理解——文明的史书》《建筑的文化理解——时代的反映》3个分册，分别从建筑学的基本概念、建筑历史以及现当代建筑的角度为读者提供了一个认知与理解建筑的体系；建筑数字技术专家李建成教授撰写了《漫话BIM》，以轻松明快的语言向读者介绍了建筑信息管理这个新生的现象；资深建筑师祁斌撰写的《建筑之美》，以品鉴的角度为读者打开了建筑赏析的多维视野；王召东教授的《乡土建筑》，则展现了我国丰富多元的乡土建筑以及传统文化与营造智慧。本套丛书后续还将有更多分册陆续推出，讨论关于建筑之历史、技术与艺术等各个方面，以飨读者。

总之，这套建筑科普系列丛书以时代为背景，以社会为舞台，以人为主角，以建筑为内容，旨在向社会大众普及建筑历史、文化、技术、艺术的相关知识，介绍建筑学的学科发展动向及其在时代发展中的角色与定位，从而增进社会各界对于建筑的理解和认知，也积极为建筑学学生、青年建筑师以及建筑相关行业从业人士等人群提供专业学习的基础知识，希望能够得到广大读者的喜爱。

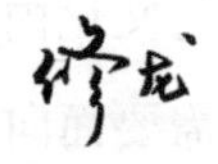

前　言

2007年4月23日，恰逢世界读书日，应《建筑创作》杂志之约，写了一篇文章“我的读书观”。文中写道：

“我在讲《建筑与气候》的课时曾说，事关‘生存’是一定要做的，至于‘舒适’，人是可以‘将就’的。”

读书也是如此。“读书”，早年有上学的意思，而在中国古代，上学读书的目的是谋求功名利禄，所以十年寒窗，头悬梁、锥刺股，刻苦读书。吃得苦中苦，方为人上人。读书是为了确立你的社会地位和经济地位。今天，读书的这种目的在中国似乎愈演愈烈。应试教育下，多少人，从幼童到成人，苦读书，读书苦，真是“事关‘生存’是一定要做的”。

然而，读书不仅有苦，也有乐。“乐”不是指苦读书的功利目的实现后、“苦尽甘来”的那种乐，而是读书之中的乐，“乐在其中”的乐。五柳先生“好读书，不求甚解。每有会意，便欣然忘食”，陶醉得连饭都忘了吃。所以读书也可以从“兴趣”的角度出发，去“享受人类的文明”。

亦如上面提到的“至于舒适，人是可以‘将就’的”，从“享受”“兴趣”的角度去读书，就有很大的空间了：可读可不读，可多读亦可少读；有兴趣的就读，不感兴趣的就不读。

读书可以培育气质、提高修养。2004年我在《新清华》上发表了一篇文章，说到大学教育不仅要讲“素质”，还要讲“气质”，不仅要讲“能力”，还要讲“修养”（人文修养、艺术修养、道德修养、科学修养）。在学校方面，“气质”和“修养”教育，一是校纪、校规的“养成”，二是校风、环境的“熏陶”，三是教师的“表率”。而学生个人方面，培育“气质”、提高“修养”，读书是重要的方面。当你在为职业和工作的目标而读书，学习知识和技能的同时，去“享受”和“拥抱”人类的文明，去接受人文、艺术和科学的养分，既培育了气质，提高了修养，也获得了乐趣，这不是一种很好的生活方式吗？

2006 年秋，清华大学启动了“文化素质教育核心课程计划”，要求对本科学生加强文理（art and science）通识教育，而这在许多国际名校是很早就有的。例如哈佛大学就为本科生开设“核心课程”（Core Curriculum）152 门（1996 ~ 1997 学年）。2009 年，我结束了面向全校已教授 5 年的“新生研讨课”（freshman seminar），开始了“文化素质教育核心课——建筑的文化理解”的讲授。

这门课面向全校非建筑学专业的本科生，介绍建筑学的定义、概念、构成因素，以及建筑原则、学科构成、审美原理；通过外国传统建筑发展历史的讲述，阐明建筑与社会、宗教、文化的关系；讲述中国传统建筑的特征，并以重要的古建筑遗存，阐述中国传统建筑的历史；20 世纪建筑以现代主义建筑发展为主线，随时代而演变，并显示建筑师个人风格的变化；建筑具有鲜明的时代特征，百年来中国建筑风格的演变，反映了中国各个时代的政治和社会的变化；建筑具有艺术与技术结合的特点，通过建筑细部设计和工艺技术，阐述建筑技术对建筑艺术和建筑审美的作用；中国正在经历城市化的进程，阐述如何营造城市特色，避免“千城一面”。最后一讲，讲述中国第一位女建筑学家林徽因精彩而又坎坷的人生和在建筑学上的成就，表现了她作为中国典型知识女性的文化修养与专业成就、人格魅力和学术精神的完美统一。

通过课程学习，让喜爱建筑的本科学生对建筑有了初步的认识，对中外建筑发展的历史及其社会文化的动因有所了解，增强了建筑艺术的审美能力，提高了鉴赏品位，提升了建筑文化的修养，同时对中国当代建筑和城市建设的现实有了针对性的认识。

九年来，这门课一直为学生欢迎，由于受选课人数的限制，成了很难选上的“热门课”。2016年清华大学设立“新百年基础教学优秀教师奖”，第一届颁给了5名教师，我是其中之一，推荐我参评的是学校的“文化素质教育基地”。

在中国建筑学会的支持下，中国建筑工业出版社拟定了建筑科普丛书的出版计划，了解到我开设的这门课面向非建筑学专业学生，用平常的语言讲述，适合“建筑科普丛书”的定位和读者群，于是希望把我讲的这门课写成书，我答应了。

书稿整理过程汇总，由于图片数量太多，编写成一册太厚，而且与丛书拟定的其他书篇幅相差太大，但删减内容和图片又“舍不得”。经讨论后，用《建筑的文化理解》总名出三个分册：《建筑的文化理解——科学与艺术》《建筑的文化理解——文明的史书》《建筑的文化理解——时代的反映》。第一册讲建筑概论和建筑审美；第二册讲外国古代建筑史和中国古代建筑史；第三册讲外国近现代建筑史和中国百年建筑风格的演变。

建筑艺术是视觉艺术，谈建筑离不开图片，三册书一共有上千张照片，不可能都是我自己拍照的。我到过的建筑，大都用我拍的照片，但因为天气、光线、视角等方面的原因，有时也会用他人拍的照片。我没有去过的建筑的照片，除了有一些是我学生拍的以外，绝大多数图片都是从已出版书籍中扫描或从网络上他人拍的照片下载而来。这是我要向原作者表示感谢的，没有这些照片，我无法为学生开设这门课程，也没有可能编写这本面向普通读者讲述建筑的科普书籍，再一次地谢谢！

秦佑国

目　录

第一章

石头的史书

人类没有任何一种思想不被建筑艺术写在石头上。

——雨果

建筑是人类文明的载体，建筑的发展标志着人类文明的进程。从古至今，在世界各地，建筑都被视为代表人类文明的里程碑。

法国大文豪雨果说过："人类没有任何一种思想不被建筑艺术写在石头上。"他赞美巴黎圣母院，说道："每一块石头，都不仅仅是我国历史的一页，而且是科学史和艺术史的一页。"

美国著名艺术史家詹森（H.W.Janson）在其享誉世界的《詹森艺术史》一书中写道："当我们想起任何一种重要的文明的时候，我们有一种习惯，就是用伟大的建筑来代表它。"

"建筑是石头的史书"，通常认为这是指西方古代建筑，如埃及、希腊、罗马、拜占庭帝国、法国、意大利等地的建筑，因为这些国家和地区遗存的历史建筑都是石头建筑。世界上留存古代石头建筑的地区和国家还有阿拉伯、土耳其、波斯、印度、南亚、墨西哥、秘鲁、津巴布韦等，但是这些地区的人们并非不使用木材和石头以外的其他建筑材料盖房子，而是代表这些地区文明的重要建筑——宗教建筑、帝王建筑及其他公共建筑都是石头建筑，并被留存下来，而普通民众居住的房子大都被淹没在历史的长河中，尽管既有的具有地方风情的民居建筑也是地方文化的重要组成，但正如詹森所说，"任何一种重要的文明是用伟大的建筑来代表它"。

下面对外国重要的历史建筑以图片展示并作简略的介绍，可作为认识外国建筑史的梗概，亦可作为进一步了解的索引。

英国索尔斯伯里的"巨石阵"，（公元前 3000 ~ 公元前 2000 年）

由巨大的石柱排列成同心圆，柱顶架有石梁。石料从数百公里外的威尔士山地跨海运来，该建造延续了千年。"巨石阵"是用于祭祀还是天文观察，考古学者尚没有定论（图 1-1、图 1-2）。

图1-1
英国索尔斯伯里的巨石阵（一）

图1-2
英国索尔斯伯里的巨石阵（二）

尼罗河古埃及文明(公元前3100年~公元前30年)

发源于东非高原的世界第一长河——尼罗河，进入埃及境内后,在广阔无垠的沙漠中流经成了一条长九百公里的“绿色走廊”,并在入海口形成2.4万平方公里的三角洲平原。定期泛滥的尼罗河给沿河地带和三角洲带来肥沃的土壤，孕育着古埃及的文明。

埃及的吉萨金字塔,建于公元前2500年前后(图1-3、图1-4)。

图1-3

埃及吉萨金字塔(一)

金字塔是法老的陵墓。古埃及是法老专制国家，人民臣服法老统治，崇拜法老，相信灵魂不灭，为法老修建规模巨大的陵墓。其中的胡夫金字塔底边为正方形，边长230米，工程浩大，10万工匠和奴隶用了20年建成。

图1-4
埃及吉萨金字塔（二）

吉萨金字塔建成之后一千年，即公元前1500年左右，古埃及的统治者称为皇帝（国王），拉美西斯王朝在卢克索修建了规模巨大的神庙。其中拉美西斯二世（公元前1314年~公元前1237年）最为有名，他自诩是太阳神的化身，修建了阿蒙（太阳神）神庙（图1-5、图1-6），气势威严宏大。

图1-5
埃及卢克索阿蒙神庙（一）

图1-6

埃及卢克索阿蒙神庙（二）

阿布辛比勒神庙，建于公元前1300年（图1-7）。1966年因修阿斯旺水坝，神庙向上搬移了200米，以免淹没在水库下。

图1-7

埃及阿布辛比勒神庙

古埃及文明一直延续到公元前 30 年被罗马帝国征服，埃及托勒密王朝末代女王“埃及艳后”克丽奥佩特拉与罗马帝国凯撒大帝的故事流传至今。阿斯旺尼罗河菲莱岛上的神庙也成了古埃及三千年文明的绝唱（图 1-8、图 1-9）。丹达拉（Dendara）哈托尔女神庙（Temple of Hathor）建于公元前 1 世纪。菲莱岛上的 Mammisi 小庙，带有女性的华美。因为菲莱岛上的神庙本是为了纪念女神伊息丝（Isis）。

图1-8

埃及丹达拉哈托尔女神庙

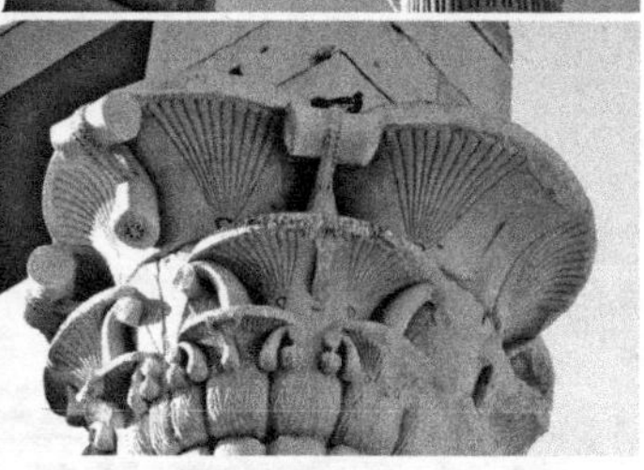

图 1-9

埃及菲莱岛玛米西小庙

爱琴海文明

克里特岛米诺斯文明（公元前 2000 ~ 公元前 1500 年）

地中海中的克里特岛处于亚、非、欧海上交通的交会处，是古代爱琴海文明的发源地。公元前 20 世纪的米诺斯王朝统一全岛，发展生产，海上贸易繁盛，建造宫殿与城市，史称米诺斯文明。米诺斯的城市没有城墙，且考古发掘中很少发现武器，是“不设防”的贸易城市。有人认为，米诺斯王朝在公元前 1500 年被伯罗奔尼撒的迈锡尼人所灭，也有人认为米诺斯文明可能是因为一场巨大的火山喷发和地震而终结的。

克诺索斯遗址（图 1-10）中可以看到古埃及对其的影响。

图 1-10

克里特岛克诺索斯遗址

在克诺索斯遗址被发掘后，其中的壁画生动地反映了当时的生活和社会的审美，震惊了欧洲（图 1-11）。

图 1-11

克诺索斯遗址的壁画

伯罗奔尼撒半岛迈锡尼文明（约公元前 1600 年 ~ 公元前 1150 年）

迈锡尼是克里特之后爱琴世界最强大的继任者，它扼守东地中海到希腊内地的要道。迈锡尼的卫城在公元前 14 世纪建成，坐落在一块高地上，由周长 1 公里、数米厚的石墙围起，极具防御性。著名的狮子门，巨大的石梁上方，两边各四层条石叠涩挑出，形成三角形洞口，中间镶一石板，板上的浮雕是一对雄狮护卫着一根宫殿的柱子。卫城外围有国王们的墓，有长长的墓道，入口也是门过梁上有三角形的洞口；墓室是圆形的，墓顶是用叠涩法砌成的锥形穹顶（图 1-12）。

图 1-12

伯罗奔尼撒半岛迈锡尼卫城与国王墓

克诺索斯和迈锡尼的建筑风格不同，一个纤秀华丽，一个刚劲粗犷，可能是因为一个是不设防的海岛文明，一个是征战防卫的陆地文明。

古希腊文明（公元前800年~公元前146年）

在爱琴海文明终结400年后的公元前8世纪，以希腊半岛为中心，包括爱琴海诸岛、小亚细亚西部沿海，爱奥尼群岛以及意大利南部和西西里岛，建立了许多城邦制的小国家，发展出古希腊文明。古希腊文明持续了约650年，是欧洲文明的摇篮，也是西方文明的精神源泉。古希腊文明最辉煌的时期是公元前5世纪以雅典为中心的古典文明。雅典是以海上贸易和手工业为基础的城邦国家，实行自由民的民主制度，信奉人性化的泛神论，建筑以建于公元前500年的雅典卫城为典范（图1-13、图1-14）。雅

图1-13

雅典卫城

典卫城的帕提农神庙——明朗、典雅、崇高、完美，“如灿烂的、阳光照耀着的白昼”（恩格斯）。

图 1-14
雅典卫城的帕提农神庙

希腊古典建筑，讲究比例的和谐与理想美，形成三种柱式——多立克、爱奥尼、科林斯。多立克刚劲有力象征男性；爱奥尼清秀柔美有似女性，柱头的涡卷犹如女子的发卷；科林斯柱式出现较晚，比例更显修长，柱头花饰更为精细（图 1-15）。

雅典卫城上的伊瑞克提翁神庙与其近旁的帕提农神庙的典雅庄重、体型对称不同，采用活泼的不对称均衡构图，柱式也不同于帕提农神庙的多立克式，采用了爱奥尼式。在面向主殿帕提农的平整的南墙上凸起一女像柱廊，用 6 个端丽娴雅的女郎雕像做柱子，尽显秀美（图 1-16）。希腊文明的其他遗迹，如图 1-17。

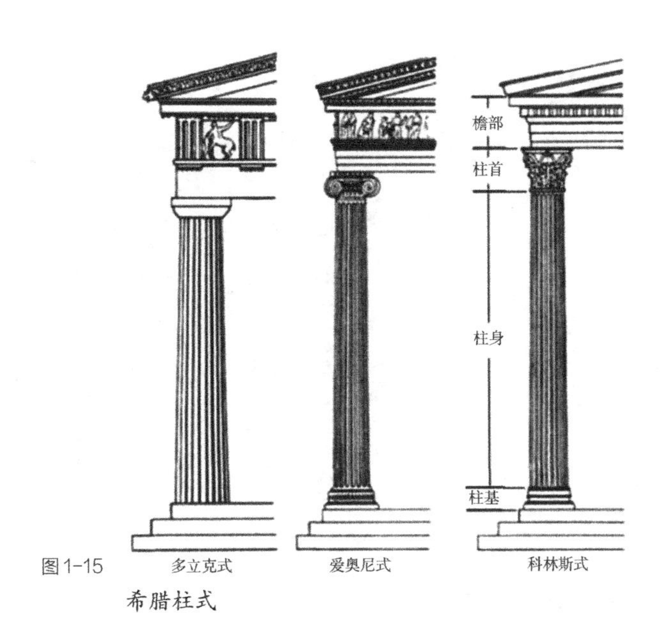

图1-15

希腊柱式

图1-16

雅典卫城伊瑞克提翁神庙

图 1–17

希腊文明的其他遗迹。

左上：德尔菲；右上：Epidauros 露天剧场 55 排座位，容纳 12000 人；

左下：奥林匹亚；右下：西西里岛的希腊遗址

两河流域文明（公元前 3000 年～公元前 612 年）

底格里斯河与幼发拉底河流域的美索不达米亚地区孕育了最早的人类文明。

苏美尔文明 公元前 3000 年，苏美尔人就在两河流域建立了众多城邦国家，并发明了楔形文字，使用了金属器具，标志着其进入了文明时期。

由于两河流域缺少石材和木材，苏美尔人用土坯和砖块建造房屋。宗教建筑是阶形的夯土高台，外表砌砖，顶部建不大的神堂，有阶梯到达。又称庙塔。现存最著名的庙塔是伊拉克乌尔的月神庙塔，建于公元前 2100 年，基底长 64 米，宽 46 米（图 1-18）。

图 1-18

伊拉克乌尔庙塔

巴比伦文明　公元前 18 世纪初，古巴比伦王国崛起，国王汉谟拉比统一了美索不达米亚平原，制订了著名的《汉谟拉比法典》，并进入铁器时代，随后古巴比伦文明达到鼎盛时期，在公元前 15 世纪后被北方的亚述人占领。公元前 7 世纪，西部沙漠的迦勒底人迁入巴比伦，自立为王，史称新巴比伦王朝，在灭亡了北部的亚述帝国后，新巴比伦王国占领了两河流域南部、叙利亚和巴勒斯坦等地，国力盛极一时，演绎了美索不达米亚文明史的最后一段辉煌，如巴比伦伊什达城门，建于公元前 6 世纪（图 1-19）。

图 1-19

巴比伦伊什达城门

由于两河流域的主要建筑材料是夯土和土坯，墙底部为了防潮，用陶钉楔入未干的土墙中，逐渐发展出色彩斑斓的琉璃饰面。

亚述文明 美索不达米亚北部的亚述人在公元前 1257 年打败了巴比伦，取得了两河流域的统治权，随之开始扩大疆土。公元前 9 世纪，亚述帝国进入它历史上的鼎盛期。亚述的野蛮征服造成了赤地千里、惨绝人寰的景象，也引起了被征服地区民族的反抗。公元前 612 年，首都尼尼微被攻陷，亚述王自焚，军事帝国灰飞烟灭（图 1-20）。

图 1-20
亚述文明

赫梯文明 地处小亚细亚的土耳其赫梯处于黑海、地中海和两河流域之间的要道上，公元前 15 世纪末至公元前 13 世纪初，赫梯处于鼎盛时期。公元前 8 世纪，赫梯王国被亚述帝国所灭（图 1-21）。

图 1-21
赫梯文明

伊朗波斯文明

公元前8世纪中叶，伊朗高原上的游牧民族崛起，消灭了亚述；公元前550年建立了波斯帝国，对外进行军事扩张：占领了小亚细亚、两河流域；征服了埃及，并到达印度河流域；与希腊交战多年。波斯用石材建造的宫殿建筑混合着亚述、埃及、希腊的建筑风格，并发展出自己的特征——宏大、奢华，甚少宗教气氛（图1-22、图1-23）。例如波斯波利斯，建于公元前518～前448年。

图1-22

波斯波利斯（一）

图 1-23

波斯波利斯（二）

波斯波利斯被马其顿亚历山大大帝的军队摧毁，波斯帝国在公元前 334 年灭亡。西方文明转向希腊文明的继任者——古罗马文明，由此开始了建筑史上辉煌的新篇章。

古罗马文明

公元 1 世纪 ~ 3 世纪是罗马帝国最强盛的时期，也是建筑最繁荣的时期。这一时期的军事帝国，不断向外扩张；世俗生活上，追求奢侈享乐。建筑上发展了拱券技术；混凝土大量使用；开启了雄伟建筑与宏大城市建造的新时代（图 1-24）。

图 1-24

古罗马城遗址

罗马大斗兽场，建于公元 72 ~ 80 年。长轴长 188 米，短轴长 156 米，能容纳 5 万观众。血腥的角斗，残酷的娱乐（图 1-25）。

图1-25

古罗马大斗兽场遗址

罗马的凯旋门——炫耀军事武功和战争的胜利（图 1-26）。

图1-26

古罗马凯旋门。

左：Constantine 凯旋门（312 年）；中、右：Titus 凯旋门（81 年）

罗马公共浴场——公共活动和社交场所，宏伟壮丽，极尽奢华（图 1-27）。

图 1-27

古罗马公共浴场。

左：Caracalla 浴场遗迹（211 ~ 217 年）；右：Diocletium 浴场（305 ~ 306 年）

罗马万神庙，建于公元 124 年，其恢宏崇高，是献给众神的庙。万神庙的穹顶直径 43 米，用当时的火山灰混凝土浇筑而成，只能承受压力，这就需要穹顶的根部不能向外侧移。穹顶被支撑在厚达 6 米的圈墙上，“箍住”了穹顶的根部，阻止了侧移，保持了穹顶的稳固，至今已将近 1900 年。为了室内采光，穹顶正中开了一个直径 8 米多的圆洞，当时还没有透明的材料可以遮盖，只能在雨天让雨水落入室内。但从 40 多米高的天顶投下一束光柱，却也有崇高恢宏的效果（图 1-28）。

罗马帝国以军事扩张占据了辽阔的疆土，在地中海周边的近东、北非甚至远至英格兰都留下了大量的建筑遗址（图 1-29）。

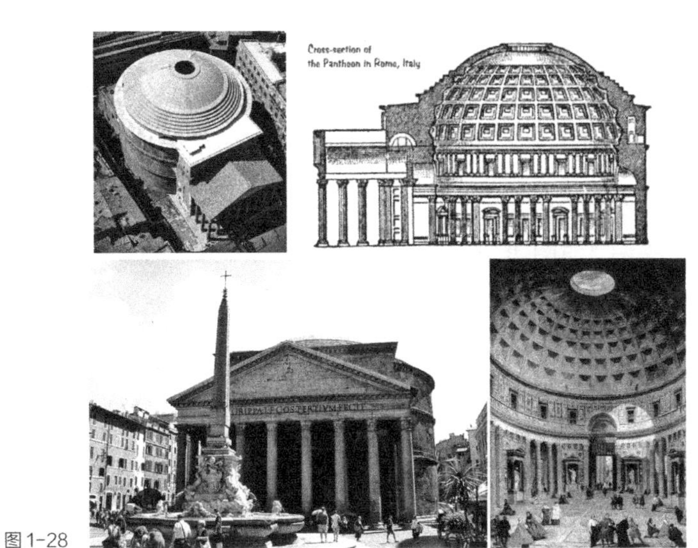

图1-28

罗马万神庙

图1-29

罗马帝国疆域内的遗址。

左上：英格兰哈德良长城；右上：北非突尼斯；

左下：约旦佩特拉；右下：叙利亚帕尔米拉

公元 4 世纪，罗马帝国分裂成东西两部分，西罗马在 5 世纪中叶为北方“蛮族”所灭，开始了“千年黑暗”的中世纪；东罗马则以君士坦丁堡为首都发展为拜占庭帝国，直到 15 世纪中叶，被土耳其人灭亡，成为奥斯曼帝国的疆域。

君士坦丁堡圣索菲亚教堂（建于 532～537 年）是拜占庭建筑最辉煌的代表，起初是基督教教堂，拜占庭灭亡后被改为伊斯兰教清真寺，加了四个尖塔（图 1-30）。

图 1-30

君士坦丁堡圣索菲亚教堂

不同于希腊神庙的石料和罗马万神庙的混凝土，圣索菲亚教堂的主要建筑材料是砖。基督教的理念和宗教仪式对教堂平面功能有新的要求，圣索菲亚教堂的平面比万神庙简单的圆形要复杂得多。圣索菲亚教堂的穹顶，直径 32.6 米，穹顶离地 54.8 米，通过帆拱支承在方形大厅四角的大柱墩上。方形大厅墙上的大拱券，把上部的重力传到柱墩上，使得墙面可以开窗、开门。穹顶的侧向推力由中央方形大厅外侧空间的结构——东西两个半穹顶和南北各两个大柱墩——来平衡。整个平面呈“希腊十字”形式，是东正教教堂的形制。与罗马万神庙在穹顶正中开洞采光不同，圣索菲亚教堂通过穹顶底部排列着一圈的40个拱形窗洞来采光（图1-31）。

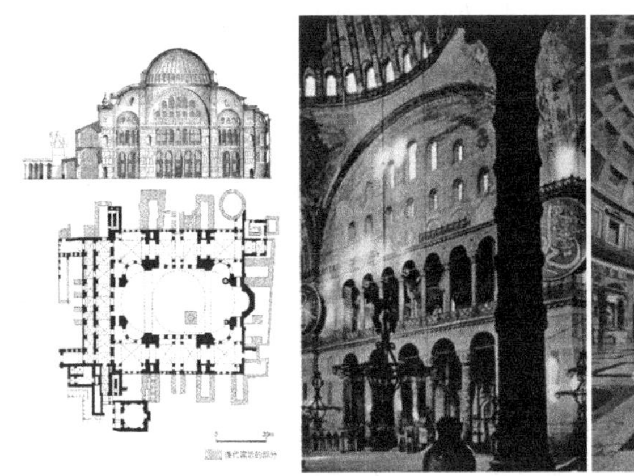

图1-31

圣索菲亚教堂与万神庙的比较。

左：圣索菲亚大教堂的平、剖面图；中：圣索菲亚大教堂的室内；右：罗马万神庙的室内

“圣索菲亚教堂延展、复合的空间，比起罗马万神庙单一封闭的空间，是建筑结构和空间组合的重大进步。但万神庙内部的单纯完整、明确洗练、庄严肃穆却胜过圣索菲亚大教堂的多少一点神秘、一点昏冥、一点恍惚迷离。显见得基督教文化不如古典文化理性的人文精神。但是圣索菲亚大教堂各种不同方向、不同大小、不同层次的拱券，常常一簇簇组成很优美的景观，这是万神庙所没有的。”

——陈志华（《外国建筑史》）

中世纪哥特大教堂

哥特大教堂是欧洲中世纪“黑暗”中建筑的辉煌。479 年北方“蛮族”入侵,灭亡了西罗马帝国,摧毁了希腊罗马的古典文明,西欧进入“千年黑暗”的中世纪，一边是教会主宰的基督教教义和仪式的精神控制，一边是封建领主土地占有和农奴的人身依附，演绎着中世纪神权与世俗的生活。

12 世纪以后，随着社会经济的发展与城市市民阶层的兴起，城市公共建筑重要性日显，在古典失落后重新开头，公元 200 年十字军东征把拜占庭与阿拉伯的文化和技术也带回了西欧，结构的创新与工匠精湛的技艺，使哥特大教堂横空出世，成就了建筑史上辉煌的新篇章。

中世纪哥特教堂在结构上有三项特征：尖拱、拱肋和飞扶壁。屋顶荷载的侧向推力被飞扶壁支撑，使得墙体得以解放，从实墙支撑变成类似框架结构，“瘦骨嶙峋”、高耸峻峭。墙上彩色玻璃窗成为哥特教堂耀眼的特征（图 1-32）。

图1–32

法国亚眠大教堂

巴黎圣母院,建于1163~1235年。雨果称赞巴黎圣母院,“每一块石头,都不仅仅是我国历史的一页,而且是科学史和艺术史的一页”,“这是石头谱写的波澜壮阔的交响曲”(图1-33、图1-34)。德国科隆大教堂,建于1248~1880年(图1-35)。

图1-33

巴黎圣母院

图 1-34

巴黎圣母院侧视

图 1-35

德国科隆大教堂

在哥特大教堂高耸的年代，意大利中世纪的建筑在古罗马废墟中吸取灵感，并受到拜占庭风格的影响，独立发展着。

比萨建筑群：比萨大教堂建于 1063～1092 年，钟楼（比萨斜塔）建于 1174 年，洗礼堂建于 1153～1278 年（图 1-36）。

图1-36

意大利比萨建筑群

伊斯兰文明

信奉伊斯兰教的摩尔人从地中海南岸的北非，跨过直布罗陀海峡，占领了欧洲西南角的伊比利亚半岛。在西班牙境内修建清真寺。西班牙的科尔多瓦（Cordoba）清真寺，始建于 785 年（图 1-37）。西班牙格拉纳达的阿尔汗布拉宫，建于约 1283～1354 年。中世纪格拉纳达王国的王宫，伊斯兰风格，精致清秀（图 1-38）。

图1-37

西班牙科尔多瓦清真寺

图1-38

西班牙格拉纳达阿尔汗布拉宫

耶路撒冷的 Dome of the Rock 清真寺，建于 688 ~ 692 年。耶路撒冷是三大宗教——犹太教、基督教和伊斯兰教的圣城。圣殿山上面是伊斯兰教的清真寺，下面是犹太人“哭墙”——古代犹太国第二圣殿的遗址（图 1-39）。

图 1-39
耶路撒冷圣殿山

东正教教堂

东罗马以君士坦丁堡为中心的基督教教派，是从希腊教会发展而来的东正教。

1453 年，信奉伊斯兰教的奥斯曼帝国占领君士坦丁堡，东罗马帝国灭亡，东正教教会重心向斯拉夫人地区转移，俄罗斯正教逐渐取代希腊正教的地位。俄罗斯东正教教堂，例如克里姆林宫圣母升天大教堂，建于 1475 ~ 1479 年；俄罗斯基日岛木造教堂，建于 1714 年（图 1-40、图 1-41）。

图1-40

莫斯科克里姆林宫圣母升天大教堂

图1-41

俄罗斯基日岛木造教堂

中世纪的城堡与市镇

城堡——贵族领地的防御，演绎骑士、剑客的风采（图 1-42）。意大利中世纪的小镇，如圣吉米亚诺（图 1-43）。意大利锡耶纳也是一座独特的中世纪城市（图 1-44）。

图 1-42

中世纪欧洲城堡。
左上：奥地利的霍亨威尔芬城堡；右上：法国的 Carcassonne 城堡；
左下：英格兰的科夫城堡；右下：威尔士的 Caernarfon 城堡

图1-43

意大利圣吉米亚诺

图 1-44

意大利锡耶纳

文艺复兴时期的建筑

中世纪时期意大利建立了一些经济繁荣的、独立的城市国家，到 14 ~ 15 世纪出现了资本主义的萌芽，伴随着“人文主义”思想的产生。1453 年土耳其人攻占君士坦丁堡，拜占庭（东罗马）帝国灭亡。拜占庭保存的古典（希腊、罗马）文化典籍和学者都汇集到意大利。“拜占庭灭亡时抢救出来的手抄本，罗马废墟中发掘出来的古代雕像，在惊讶的西方面前展示了一个新世界。……意大利出现了前所未见的艺术繁荣，好像是古典的反照”。（恩格斯）这就是“文艺复兴”（图 1-45）。

图 1-45

意大利佛罗伦萨

文艺复兴建筑是在公元 14 世纪在意大利随着文艺复兴的思想文化运动而诞生的建筑风格，起源于意大利佛罗伦萨，随后扩展到欧洲各国。

文艺复兴的第一个重要建筑是佛罗伦萨主教堂，建于 1296～1470 年。该教堂于 1296 年动工，1366 年完成大部分工程，随后 50 多米高墙顶上的穹顶（底座八边形对径 42m）却迟迟造不起来，耽搁了几十年。15 世纪初，伯鲁乃列斯基接手设计，他吸取了哥特建筑拱肋技术，穹顶外形不是正圆，而是双圆心的矢形，并采用中空的双层结构，减轻了穹顶重量和侧推力。再用铁链来箍住穹顶，铁链承受拉力来平衡穹顶的侧向推力，这是建筑史与工程史上空前的创造。1420 年定案动工，1431 年穹顶建成，1470 年顶部的采光亭建成，前后持续了 174 年（图 1-46）。

图1-46
佛罗伦萨主教堂

伯鲁乃列斯基不仅是一个建筑师，“他具有机械工程学、静力学、水力学、数学以及其他科学和技术研究的天分”，“精巧独到和复杂的几何布局，非凡的石工技术及特殊设计的举重机械，都是伯鲁乃列斯基对穹顶的成功建造所做出的惊人贡献”。

——《西方建筑史：从远古到后现代》

伯拉孟特设计的罗马坦比哀多（1510年）和帕拉第奥设计的维琴察圆厅别墅（1552年），其柱式比例、形制成为纪念性风格的“典范”，为后世建筑学学生的摹本（图1-47）。

罗马圣彼得大教堂，建于1506～1612年，是意大利文艺复兴最伟大的建筑，也是文艺复兴最后一个重要建筑（图1-48、图1-49）。

图 1-47

坦比哀多和圆厅别墅

图 1-48

罗马圣彼得大教堂（一）

图1-49

罗马圣彼得大教堂（二）

圣彼得大教堂平面的变迁（图1-50）。1506年伯拉孟特在设计竞赛中获选，为希腊十字形，“十”字形的四个方向是等长的。1514年伯拉孟特去世，拉斐尔接手，被要求在前面加上巴西利卡式大厅，变成拉丁十字式，“十”字形的一个方向是拉长

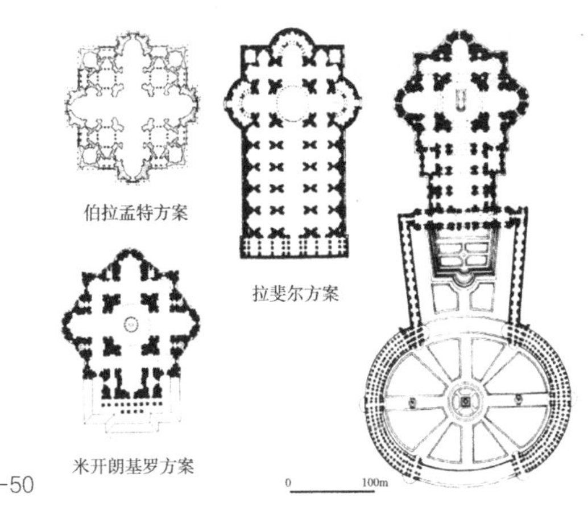

图1-50

圣彼得大教堂形制设计的演变

的，反映了天主教新旧思想之争。1547 年由米开朗基罗主持，坚持原希腊十字形式。1590 年建成中央穹顶，正面柱廊开始建造。1605 年，教皇保罗五世下令拆除正在建造的正立面，要求建筑师马得诺在前面加接巴西利卡式大厅，1612 年建成，成为拉丁十字形式。1657 ~ 1666 年由伯尼尼主持设计，加建了广场柱廊（图 1-51）。

图 1-51

圣彼得大教堂前的广场柱廊

中世纪欧洲有一些美丽的城市广场，其中有被拿破仑称为“欧洲的客厅”的意大利威尼斯圣马可广场、锡耶纳贝壳广场（图 1-52）。

图1-52
威尼斯圣马可广场和锡亚那贝壳广场

伦敦圣保罗大教堂，建于1675～1716年。伦敦1666年大火，烧毁了原有哥特式的圣保罗教堂，35岁的克里斯托弗·雷恩被委托设计新的教堂，他还是一个天文学家、数学天才。

雷恩应用了虎克（Hooke）的悬链线理论。圣保罗大教堂的屋顶有三层，里层和外层采用悬链线反置形状，是木结构。藏在中间看不见的是砖砌穹窿，为支撑屋顶800余吨重的石塔，应用悬链线吊挂重物形状的反置，做成圆锥形。侧向推力用铁链箍紧承受（图1-53、图1-54）。

图1-53
伦敦圣保罗大教堂

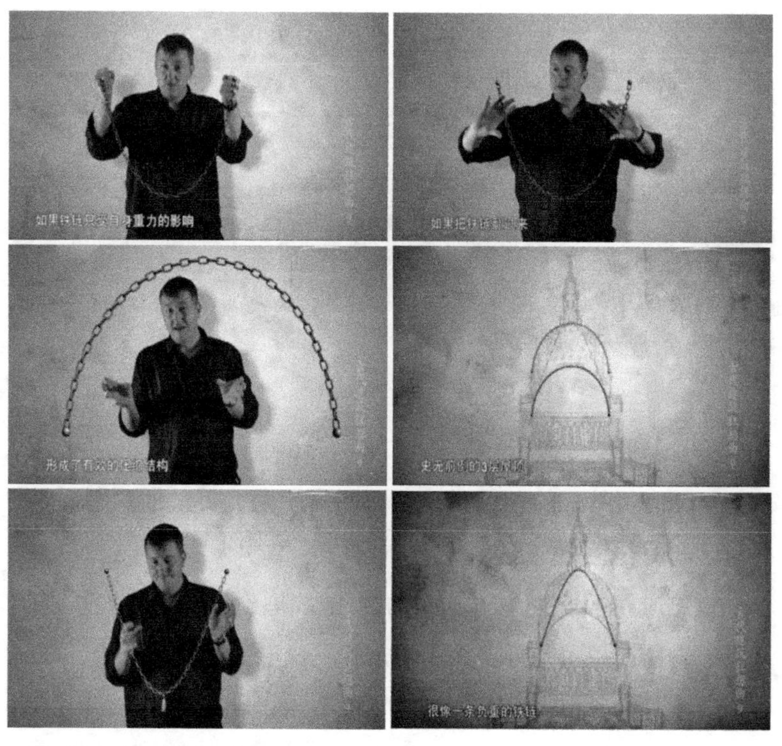

图 1-54

圣保罗大教堂屋顶采用悬链线反置形状

巴洛克和古典主义建筑

16 世纪，保守的天主教对新教的宗教改革持反对态度，16 世纪末到 17 世纪天主教会大量兴建教堂，从罗马向天主教国家扩散，开始了建筑史上的“巴洛克时期”（巴洛克原意是“畸形的珍珠”）（图 1-55）。对教会财富的炫耀，设计的标新立异，世俗的审美以及豪华的堆砌是巴洛克教堂的意旨，但也开拓了新的创作手法和艺术的融合，建筑中大量使用壁画和雕刻，璀璨缤纷、富丽堂皇。艺术史上对巴洛克风格褒贬不一，但“不圆也是珍珠”。

图1-55

巴洛克教堂。

左：罗马耶稣会教堂（1575 年，维尼奥拉）；中：圣安德烈教堂（1678 年，伯尼尼）；右：罗马圣卡罗教堂（1667 年，波洛米尼）

比巴洛克建筑稍晚，17 世纪，法国的古典主义建筑成了欧洲建筑发展的又一个主流。法国绝对君权时期，宫廷建筑采用古典主义建筑风格形式。路易十四自诩“太阳王”，权臣上书：“如陛下所知，除赫赫武功外，唯有建筑最足以表现君王之伟大与浩气。”

皇帝的权威在古典主义建筑中得到完美体现，例如法国路易十四的宫殿展现了绝对君权、唯理主义、古典原则，而豪华的室内却是巴洛克风格。

古典主义强调构图中的主从关系，突出轴线，讲求对称；提倡理性，主张合于建筑类型的义理（图 1-56、图 1-57）。

图 1-56

法国路易十四的宫殿。

左上：卢浮宫东立面（1568～1575 年）；右：凡尔赛宫（1638～1667 年）

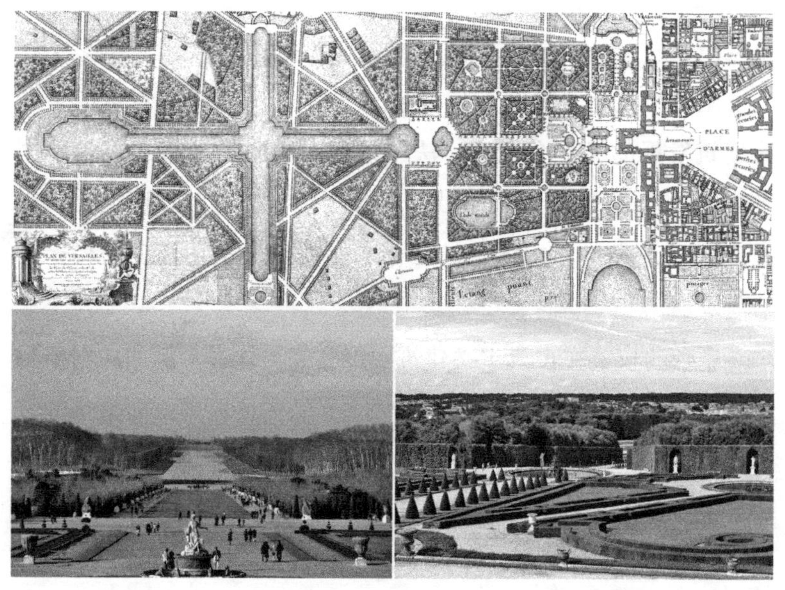

图 1-57

凡尔赛宫的花园——对称布局、轴线交汇、树木修剪、几何图形

君权的继续——拿破仑时代，表现帝国风格，表彰战功，仿照罗马，带有神圣光环（图 1-58）。

图 1-58
巴黎军功庙与凯旋门

英国议会大厦，建于 1840 ~ 1865 年，体现浪漫主义，哥特复兴风格（图 1-59）。

图 1-59
英国议会大厦

美国国会大厦，建于1851~1864年，体现独立精神，罗马复兴风格，用于共和议政（古罗马早期是共和制，设元老院议政），如图1-60所示。

图1-60

美国国会大厦

美国崇尚自由民主，公共建筑更多采用希腊复兴风格。例如纽约海关大厦，建于1833~1842年（图1-61）；林肯纪念堂，建

图1-61

纽约海关大厦

图 1-62

华盛顿林肯纪念堂

于 1914 ~ 1922 年（图 1-62）。

巴黎歌剧院是折中主义（又称集仿主义）建筑登峰造极的作品，将古典主义的柱廊、巴洛克风格的装饰集合在一起，规模宏大，精美细致，金碧辉煌，是拿破仑三世时期典型的建筑之一。巴黎歌剧院，建于 1861 ~ 1875 年，折中主义建筑，被喻为"巴黎的首饰盒"（图 1-63）。巴黎歌剧院室内极尽豪华（图 1-64），"好像不是大楼梯为歌剧院建的，而是歌剧院为大楼梯建的"。

图 1-63

巴黎歌剧院

图 1-64

巴黎歌剧院室内

欧洲乡村小镇

主要为聚落与民宅，体现乡村风情，景色秀美，平和宁静（图 1-65、图 1-66）。例如捷克小镇克鲁姆洛夫（世界文化遗产），是最美的小镇之一。

图1-65

欧洲小镇。

左上位于德国；右上位于希腊；左下位于瑞士；右下位于奥地利

图1-66

捷克小镇克鲁姆洛夫

第二章

多样的文明　多样的建筑

在每个文明的背后，都别有一番景象。

——克里斯托夫·道森，《世界历史的动力》

（Christopher Dawson, *Dynamics of World History*）

著名历史学家汤因比在其所著的《历史研究》中，列出了世界上的“独立文明”，包括苏美尔文明、埃及文明、爱琴文明、印度河文明、中国文明、中美洲文明、安第斯文明。第一章讨论了前三个文明及其后续的文明，这一章讨论了除中国以外的其他文明，中国文明将在第三章展开。

印度河文明印度建筑

印度河文明是由古印度的白种雅利安人入侵之前的达罗毗荼人（意为矮黑人）在印度河流域（现巴基斯坦境内）所缔造的都市文明，以摩亨佐-达罗城和哈拉帕城为代表（图 2-1）。

摩亨佐-达罗城约于公元前2500年兴建，占地达7.7平方公里，由上城和下城两部分组成。城内有大浴池、大粮仓、宽敞的会议厅以及其他许多公共建筑。古城还有宽阔的大道、合理配置的小

图 2-1
摩亨佐-达罗城遗址

巷、完善的排水系统。公元前1900年废弃，原因众说纷纭。

印度在公元前6世纪形成三个宗教——婆罗门教、佛教、耆那教。7世纪后佛教在印度逐渐消亡；婆罗门教改称印度教，成为印度最主要的宗教；耆那教信者很少，却延续至今。

印度 桑奇大塔（佛教建筑），建于公元前250年

公元前3世纪，孔雀王朝的阿育王弘扬佛教，全国建了上万座窣堵波（佛塔），最著名的是桑奇大塔，建于公元前250年。在直径36.6米、高4.3米的台基上，用砖砌筑一个直径32米、高12.6米的半球体；地面设围栏和四座门；门的立柱和横梁上铺满雕刻。旁边的建筑遗存，带有希腊、波斯影响的印记（图2-2）。

图2-2

印度桑奇大塔

阿旃陀 Ajanta 石窟（佛教石窟）

石窟始建于公元前2~公元前1世纪，公元5~6世纪的笈多王朝时期又大规模扩建。石窟环布在马蹄形的临河山崖上，绵延550多米，现存29窟。窟形分为毗诃罗窟和支提窟两类，毗诃罗外部有石凿柱廊，内部是方形窟厅，有的（如1号窟）周边有柱廊，壁面有佛龛、壁画（图2-3）。支提窟也是天然岩凿，入口门洞上方有拱形窗，内殿拱顶，两侧列柱，正中置窣堵波（佛塔）（图2-4）。

图2-3
印度阿旃陀石窟（一）

图2-4
印度阿旃陀石窟（二）

埃罗拉 Elura 石窟

共有 34 座石窟，其中佛教石窟 12 座、印度教石窟 17 座，耆那教石窟 5 座，石窟绵延约 2 公里。大约在公元 600 年佛教徒首先到达埃罗拉；公元 760 年前后，印度教徒来到埃罗拉，开凿了宏伟的凯拉萨神庙（Kailasanatha Tample），是由山体整石雕刻而成（图 2-5）。

图 2-5

印度埃罗拉石窟

印度 卡秋拉霍 Khajuraho 神庙（印度教建筑）

在公元 950 ~ 1050 年昌德拉王朝极盛时期建造的 85 座神庙中，保留至今的还有 22 座，1986 年列入世界文化遗产保护名录。

在卡秋拉霍神庙的壁面上有大量性爱雕塑，但雕像人物的脸上都是纯真的自然流露。印度人的性文化是深奥的，他们推崇禁欲，又公开展示性爱，两者截然矛盾，却又相克相生。马克思评论印度教："这个宗教既是纵欲享乐的宗教，又是自我折磨的禁欲主义的宗教。"（图 2-6）

图 2-6

印度卡秋拉霍神庙

印度阿格拉　泰姬·玛哈尔陵

15 世纪，一支信奉伊斯兰教的蒙古人从中亚进入印度，后建立了莫卧儿王朝，使得伊斯兰教成为印度第二大宗教，并留下了许多伊斯兰风格的建筑，其中最著名的是泰姬·玛哈尔陵。

泰姬陵是莫卧儿王朝第五代皇帝沙贾汗为其爱妻泰姬·玛哈尔修建的陵墓。它始建于1631年，动用2万名工匠，历时22年才完成。全部用白色大理石砌筑，镶嵌和雕饰极为精致，洁白晶莹、清丽端庄、娴静典雅，是人类文明的艺术瑰宝（图2-7）。

图2-7

印度泰姬·玛哈尔陵

东南亚建筑

缅甸蒲甘4000座佛塔及寺庙

蒲甘是缅甸的历史古城、佛教文化遗址，位于缅甸中部。849年蒲甘立国。1044年阿奴律陀即位为国王，他振兴国家，向外扩张，把小乘佛教引入蒲甘，立为国教，他和后来的继任者江喜陀在蒲甘建造了大量的佛寺佛塔（图2-8）。

图 2-8

缅甸蒲甘佛塔

泰国 素可泰玛哈它寺

素可泰是 13 世纪和 14 世纪暹罗第一王国的首府，这里矗立着许多引人注目的纪念性建筑物，反映了泰国建筑初期的艺术风格（图 2-9）。

图 2-9

泰国素可泰玛哈它寺

印尼爪哇 婆罗浮屠

大约于公元750~850年间，由当时的夏连特拉王朝兴建。塔基是一个正方形，边长大约118米。这座塔共九层，下面的六层是正方形，上面三层是圆形。顶层的中心是一座圆形佛塔，被72座钟形舍利塔团团包围。每座舍利塔装饰着许多孔，里面端坐着佛陀的雕像（图2-10）。

图2-10

印尼爪哇婆罗浮屠

离婆罗浮屠仅十余公里的普兰巴南有一处古代印度教遗址。上千年前，印度教跟佛教曾经长期和平共处于爪哇。普兰巴南寺庙供奉着印度教的三位主神——湿婆、毗湿奴和罗摩，建于公元900年左右（图2-11）。

图 2-11

印尼爪哇普兰巴南寺

柬埔寨吴哥窟（印度教神庙），建于约公元 1150 年

12 世纪时，吴哥王朝国王苏耶跋摩二世希望在平地兴建一座规模宏伟的石窟寺庙，作为吴哥王朝的国都和国寺。因此举全国之力，花了大约 35 年建成（图 2-12）。

图 2-12

柬埔寨吴哥窟（一）

约公元1200年，迦耶跋摩七世重建被外族毁坏的吴哥城，现称“大吴哥”（图2-13）。

图2-13
柬埔寨吴哥窟（二）

日本传统建筑

日本本土建筑——伊势神宫（三重县）

伊势神宫是日本本土神道教神社的代表。神社是崇拜与祭祀神道教中各种神灵的社屋，是日本宗教建筑中最古老的类型（图2-14）。

天武天皇（673～685年）确立制度，伊势神宫每隔20年要把建筑焚毁重建，叫作式年迁宫。最近一次是在2013年，是第62次式年迁宫。

图2-14

日本伊势神宫

“神官的细节处理非常精致。……恰当地装饰了一些镂花的金叶，给温雅的素色白木和茅草点染上高贵的光泽。黄金和素木茅草相辉映，既朴实又华丽。”（陈志华）

日本其他本土建筑，如图 2-15 所示。

图2-15

日本本土建筑。

左上：姬路城天守阁（1580 年）；右上：严岛神社大鸟居；

左下：京都清水寺（798 年初建，1633 年重建）；右下：桂离宫（1620 ~ 1624 年）

严岛神社大鸟居高16米，立于海上，每隔数十年至一百年左右就会替换新的鸟居一次，这就是严岛的标志，也是日本文化的表征。

中国的影响

飞鸟时代（552～645年），日本开始吸收中国朝廷的典章制度和文化，佛教也从中国经朝鲜传入日本。公元607年（隋炀帝时期）在奈良附近兴建了第一座大型寺院法隆寺（图2-16）。

图2-16
日本奈良法隆寺

中国盛唐时期，在奈良建造了一批重要的寺庙，其中有752年（唐玄宗天宝十年）的东大寺和759年中国东渡高僧鉴真和尚主持建造的唐招提寺。

奈良东大寺的变迁。圣武天皇在743年下诏建造卢舍那佛并建大佛殿，752年（唐玄宗天宝十年）佛像开光。寺庙采用“唐风”。1180年，在源平之争中，大佛殿被烧毁，在中国南宋工匠陈和卿的协力下，1195年采用宋朝的天竺式结构（穿斗式构架）修建大佛殿。1567年大佛殿再次烧毁，直到1709年（清康熙年间）复建成现存大殿，正面屋面和墙面已是日本式了（图2-17）。

图2-17

日本奈良东大寺。

左上：奈良东大寺大佛殿现状；右上：1199年修建的山门保留至今；

左下：开始兴建的东大寺是“唐风”；右下：镰仓时代修建的大佛殿

日本白川乡历史村落（世界文化遗产）——合掌屋，位于日本岐阜县白川乡荻町，已有400年的历史，早年是躲避战乱的家族迁徙至此（图2-18）。

图 2-18

日本白川乡历史村落

用绳子绑扎的木料构成房屋构架，屋顶向下延伸很长，坡度很大，形似合掌，有利防风防雨，也可让雪滑落，避免积雪。屋顶所铺茅草，厚度达七八十厘米，保温隔热好，屋子冬暖夏凉。合掌屋屋顶的茅草每三四十年得更换一次，每次更换约需要 200 人一起花上两天时间。谁家房子要换屋顶，全村都来帮忙。

合掌屋常常是数十人的大家族一起生活，内部通常有 3 ~ 5 层，一楼是起居室（架空木地板的榻榻米）、厨房、浴室，二楼作为贮藏室，坡形屋顶内是阁楼，早年是养蚕、织布的地方。

印第安文明

美洲大陆最初没有人类居住，印第安人的祖先是从西伯利亚经白令海峡迁移到北美，逐渐南移，最后遍布美洲大陆。印第安人在欧洲人来到美洲“新大陆”之前，在中美洲和南美洲西部中安第斯山山区发展起来印第安三大文明——玛雅文明、阿兹特克文明和印加文明。

玛雅文明

玛雅文明主要分布在墨西哥、危地马拉和洪都拉斯等地。玛雅人在没有金属施工工具、运输工具（车轮）的情况下，却创造出灿烂辉煌的文明。例如墨西哥的特奥蒂华坎(Teotihacan)，建于约公元 100 ~ 250 年（图 2-19、图 2-20）。墨西哥的奇琴伊

图 2-19
墨西哥特奥蒂华坎遗址

图 2-20
墨西哥特奥蒂华坎太阳金字塔

查（Chichen Itza）金字塔和武士庙，建于公元 7 ~ 10 世纪（图 2-21）。

图 2-21
墨西哥奇琴伊查遗址金字塔和武士庙

墨西哥的乌斯马尔古城遗址，位于墨西哥东南部的尤卡坦州。乌斯马尔古城从 7 世纪开始，就是尤卡坦最大的城市和宗教中心，玛雅文明鼎盛时期的代表性城市。东西长 600 米，南北长 1000 米（图 2-22）。

9 世纪开始，古典玛雅文明的城邦突然同时走向衰败，至今仍是未解之谜。到 10 世纪，曾经繁荣的玛雅城市被遗弃在丛林之中。

图 2-22

墨西哥乌斯马尔遗址

印加文明

印加文明是在南美洲西部中安第斯山区发展起来的印第安文明。

在南美洲安第斯山脉中，有一个横跨秘鲁和玻利维亚两国边境的高山湖泊的的喀喀湖。湖面高度为海拔 3900 米。在湖东南 21 公里玻利维亚境内的高原荒野上，有一座印加时期的蒂瓦纳科（Tiwanaku）文化遗址（公元 300 ~ 700 年）（图 2-23）。印加人崇拜太阳。传说太阳神曾降临蒂亚瓦纳科，在该城的西北角建有“太阳门”，如图 2-23 左下。每年 9 月 21 日（秋分）黎明的第一缕曙光总是准确无误地射入门中央。

图 2-23
玻利维亚蒂亚瓦纳科

秘鲁昌昌(Chan Chan)古城遗址,建于 900 ~ 1470 年(图 2-24)。

秘鲁的库斯科（Cuzco）萨克萨瓦曼古堡，建于约 12 ~ 15 世纪(图 2-25),是印加帝国的首都库斯科城外举行“太阳祭”的地方，建筑在一个小山坡上，是俯瞰全城的防御系统。从上至下有三层围墙，均用巨石垒砌而成。

秘鲁的马丘比丘（Machu Picchu），建于约 1440 年。马丘比丘距当时印加帝国的都城库斯科 120 公里，坐落在安第斯山脉难以通行的陡峭狭窄的山脊上（图 2-26）。

图 2-24

秘鲁昌昌古城遗址

图 2-25

秘鲁库斯科萨克萨瓦曼古堡

图 2-26

秘鲁马丘比丘遗址

复活节岛石像

复活节岛是南太平洋上的一个小岛，虽然从 1888 年归属于智利，但距智利本土 3600 多公里，离太平洋上的其他岛屿也很远，离它最近的、有人居住的岛屿在西边 2000 公里处。1722 年复活节那天，荷兰探险家雅各布•洛吉文在航海途中发现了它，在浩瀚的太平洋上面积只有 117 平方公里的孤岛上居然有人居住，更为奇异的是岛上散布着几百个巨大的半身石像，高 6 ~ 23 米，重约 30 ~ 90 吨，有的排列在海边，有的还半埋在采石的山坡上，而岛上的住民却对这些石像的历史毫无记忆。尽管近 300 年来有大量的专家学者做了很多考察和研究，提出了众多的解释，但至今还是人类文明发展史的一个未解之谜（图 2-27）。

图 2-27
复活节岛石像

非洲

大津巴布韦

津巴布韦是“石头城”的意思。大津巴布韦遗址，位于津巴布韦首都哈拉雷以南 300 公里处，建于公元 600 年前后。它证明南部非洲曾经有过高度发达的文明，是非洲著名的古代文化遗址，也是撒哈拉沙漠以南非洲地区规模最大、保存最为完好的石建筑群体（图 2-28）。

马里 杰内 Djenné 大清真寺

马里南部古城杰内，位于尼日尔河内三角洲。杰内大清真寺建于 1905 年，没有用一砖一瓦，全部是用黏土和树枝、树叶建造（图 2-29）。泥墙厚达 40 ~ 60 厘米，隔热良好，加之屋顶的 100 多个

图 2-28

非洲大津巴布韦石头城

图 2-29

马里杰内大清真寺（一）

通气孔，保证了在酷热夏季室内的凉爽。

它最大的缺点就是禁不住雨水的冲刷，每年 10 月雨季过后，人们都会在泥墙上再糊一层新的泥浆，从河里挖来黏土拌和着草叶，用双手抹到墙面上。墙上伸出的木梁既是内部结构的延伸，也为每年的维修提供了支架（图 2-30）。

图 2-30 马里杰内大清真寺（二）

第三章

木结构的辉煌

中国建筑一贯以其独特纯粹之木构系统，随我民族足迹所至，树立文化表志。

——梁思成

中国传统建筑

“中国建筑乃一独立之结构系统，历史悠长，散布区域辽阔。在军事、政治及思想方面，中国虽常与他族接触，但建筑之基本结构及部署之原则，仅有和缓之变迁，顺序之进展，直至最近半世纪，未受其他建筑之影响。数千年来无遽变之迹，渗杂之象，一贯以其独特纯粹之木构系统，随我民族足迹所至，树立文化表志，都会边疆，无论其为一郡之雄，或一村之僻，其大小建置，或为我国人民居处之所托，或为我政治、宗教、国防、经济之所系，上自文化精神之重，下至服饰、车马、工艺、器用之细，无不与之息息相关。中国建筑之个性乃即我民族之性格，即我艺术及思想特殊之一部，非但在其结构本身之材质方法而已。”

“建筑显著特征之所以形成，有两因素：有属于实物结构技术上之取法及发展者，有缘于环境思想之趋向者。”（图 3-1）

——梁思成（《中国建筑史》，1944 年）

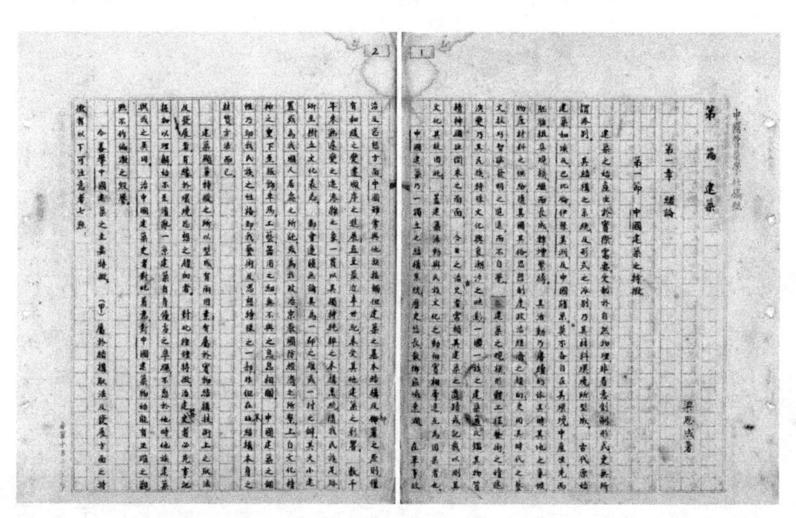

图 3-1

梁思成《中国建筑史》手稿

结构取法。中国历来把建筑工程称为“土木工程”，盖房子叫“大兴土木”。中国古代建筑材料主要是“土”和“木”，以及燃木烧土而得到的“砖”和“瓦”。夯土为基、筑土为台，立木为柱、横木为梁，砌砖为墙、盖瓦为顶。所以中国传统建筑是木结构建筑，“结构原则乃为‘梁柱式建筑’之‘构架制’（framing structure）”（林徽因，1932 年）。

环境思想。“不求原物长存之观念”，“修葺原物之风，远不及重建之盛，历代增修拆建，素不重原物之保存”；“建筑活动受道德观念之制裁，崇向俭德”，“崇伟新巧之作，既受限制，匠作之活跃进展，乃受若干影响”；“着重布置之规制，古之政治尚典章制度，至儒教兴盛，尤重礼仪”；“建筑之术，师徒传授，不重书籍。建筑在我国素称匠学，非士大夫之事”。（梁思成，《中国建筑史》，1944 年）

中国传统建筑的特征

1. 木结构——墙倒屋不塌 承重结构为木结构体系，承重结构与围护墙体分工明确，墙体不承重；施工便利，建造期短（图 3-2）。明朝永乐皇帝朱棣迁都北京，皇宫紫禁城耗时 13 年建成，现场施工期仅 5 年。这是古代西方石建筑做不到的。

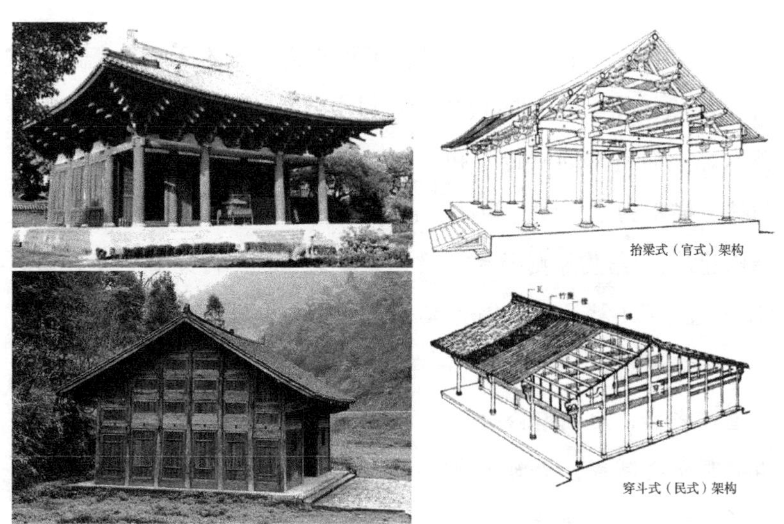

图 3-2
中国建筑木结构

但木结构防火性能差，耐久性差。同时，木材本身是绿色建材，树木会生长，木材无污染、可自然降解，但大规模砍伐森林，就会破坏生态。“蜀山兀，阿房出”，秦始皇修阿房宫，把蜀山的树都砍光了。这就是木材的“绿色”悖论。

2. 大屋顶——多彩多姿 硕大曲面屋顶，檐角起翘，形态多样，色彩丰富，等级森严（图 3-3、图 3-4）。最高等级是重檐庑殿顶（四坡顶），如太和殿，屋顶戗脊上的走兽是 9 个，前面有个“仙人”，后面跟着一个“行什”。其次是重檐歇山顶，如天安门，脊兽也是 9 个，但没有“行什”。脊兽数随建筑等级依次是 9、7、5、3 个。

图 3-3
中国建筑“大屋顶”

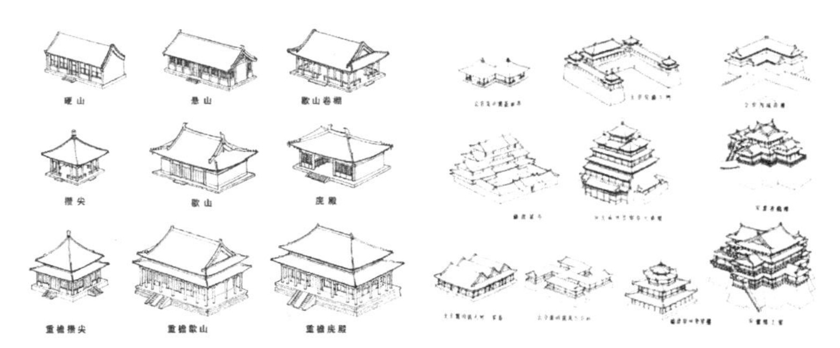

图 3-4
中国建筑的屋顶形式

3. 斗栱——特有的构件　柱和屋顶间的过渡部分，支撑挑檐，将房檐荷载传递到立柱上（图 3-5）。五台山佛光寺大殿是唐朝的建筑，硕大的斗栱，把檐口挑出近 4 米。此外，地震时，斗栱仿佛屋顶和下部结构间的一个缓冲层，可缓解地震的冲击（图 3-6）。

图 3-5

中国建筑的斗栱

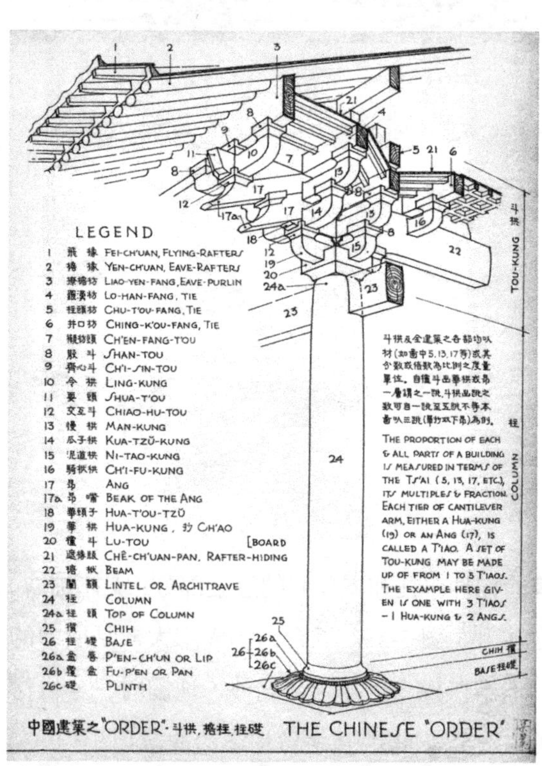

图 3-6

斗栱详图——梁思成《图像中国建筑史》(英文由美国麻省理工出版社出版）手绘插图

4. 彩画——绚丽的色彩和图案　对木材外表面进行油漆粉饰，可以起到保护作用，做成彩画又具有装饰性，图案和色彩因建筑等级和功能的不同而不同，室内和室外也有不同。室外上部檐口下阴影处，用青蓝的冷色调，显得出檐更加深远，下部明亮处用红黄的暖色调与之对比，更显华丽。阴影区里描金，其反光使得彩画不显沉闷（图 3-7）。

图 3-7
中国建筑的彩画

宫廷彩画有严格的等级和制式，等级由高到低分别是“和玺彩画”“旋子彩画”和“苏式彩画”，尤以“金龙和玺”为最高等级。图 3-8 左上是太和殿的彩画，即为“金龙和玺”；左下是慈禧太后住处室内彩画，是旋子彩画中最高级别，用了描金，龙凤图案；而“苏式彩画”常用于园林建筑（图 3-8 右）。

图3-8 彩画的等级与制式

5. 单体建筑简单规整，群体组合气象万千 中国传统建筑，从单体来看，是按一定的规制和标准建的，“至今为止，世界上真正实现过建筑设计标准化和模数化的只有中国传统建筑”（李允鉌，《华夏意匠》)。宋《营造法式》:“凡构屋之制，皆以材为祖”，“材分八等”。所以单体建筑大致相同、相似。然而中国建筑讲究结合环境、功能进行群体组合，形成不同的空间氛围。图3-9左上是天坛，为祭祀建筑，皇帝祭天，长长的祭道平地垒起，几与树梢平；右上是皇宫紫禁城，前殿区重重宫门，殿前广场阔大，太和殿高踞在三层汉白玉台基上，显示皇帝的威仪，后宫区既不失皇家的礼制和气度，又要适应日常的起居生活，建筑布局与前殿区明显不同；左下是明永乐皇帝的长陵，威仪中有肃穆；右下是颐和园，为皇家园林，既有休憩赏景的功能，也是处理政务的夏宫（Summer Palace）。

图 3-9
中国建筑的群体组合

6. 墙文化　外向防御性和封闭性，内向开敞性和流动性　中华文明是一个内向型的文明，农耕生产的中原地区，对北部草原游牧民族的袭扰主要通过筑长城来防御，从战国、秦汉到大明王朝有两千年历史。中国大小城市都有城墙防护，发生战乱，除了阵前厮杀，就是攻城破防（图 3-10 左）。

几十年来，中国城市里单位“大院”和居住小区都是用围墙围起来的，也是“墙文化”的反映。城市被分割成一个个不能穿行的地块，已经不能适应现在城市交通的要求。2016 年初，中央文件要求：“新建住宅要推广街区制，原则上不再建设封闭住宅小区。已建成的住宅小区和单位大院要逐步打开。”一时间“拆围墙”成了媒体和公众舆论的热点。

墙文化也是中国传统的居住文化。在自家的住地上，沿周边盖房，后墙朝外不开窗或开小小的高窗，没有房的地边就砌上围墙，总之把自家的住地围成一个“外向封闭”的院子，只有大门（偶尔有后门）与外相通。在院内由正房、厢房、后房等单体组合，空间开敞、流动（图 3-10 右）。

图 3-10
中国建筑的“墙文化”

现在的别墅，一栋栋小洋楼放在绿化场地中间，那是美国独立式小住宅的模式，在中国盖这样的“别墅”，邻居间离得很近，私密性差，并不符合中国人的习惯。于是兴起盖“中式别墅”，合院形，建筑外观也用传统形式，青瓦坡顶，雕梁画栋。其实只要把握中国传统居住文化“外向封闭、保证私密性，内部开敞、空间流动性”的本质，建筑形式和风格也是可以很现代的。1940 年代美国建筑师菲利普·约翰逊在哈佛大学附近买了一块地，用 9 英尺的墙围起来，地的一半盖房子，一半是院子，建筑是现代主义的，落地玻璃朝向内院，外墙上只有一个门，与周围那些传统小住宅截然不同。这个房子现在还在，称为“courtyard house”。

7. 园林—— 虽由人作，宛自天开 中国园林“取法自然”，叠石为山，积水为池，是谓“山水”，但通常还是以建筑物为景点中心（图 3-11）。

图 3-11

中国的园林。

上：北方皇家园林——承德避暑山庄烟雨楼和颐和园中的谐趣园；下：南方的私家园林

8. 民居——乡土建筑，顺应自然，地域民族，千姿百态 中国地域辽阔，各地气候与地理条件差异很大，民族众多，生活习俗各不相同，形成了多姿多彩的乡土建筑（图 3-12、图 3-13）。少数民族地区的历史建筑各有其民族特点和历史渊源（图 3-14）。

图 3-12

中国乡土建筑（一）。
左：贵州侗族民居；右：四川羌族民居

图 3-13

中国乡土建筑（二）。
左：华东江南民居；右：黄土高原窑洞民居

图 3-14

中国少数民族历史建筑。

左上：西藏拉萨布达拉宫；右上：新疆喀什艾提尕尔清真寺；

左下：云南潞西市风坪大佛殿；右下：贵州遵义海龙囤土司城遗址

史前至秦汉南北朝

因为中国建筑是木结构，难以耐久，加之中国历史上改朝换代，常以毁坏前朝的宫室建筑达到“除旧换新”，而且木构建筑毁坏也很容易，一把火就烧掉了，所以中国没有很古老的建筑遗存，只有考古发掘的被掩埋的遗址。在“中华文明探源工程”中，山西襄汾、河南登封还有陕西神木县石峁都曾发掘出规模很大的古城遗址。

陕西神木县石峁遗址中，石城分为外城和内城，内城墙体残长 2000 米，外城墙体残长 2800 米（图 3-15）。

图 3-15 陕西神木县石峁遗址

山西襄汾陶寺遗址东西长约 2000 米，南北长约 1500 米，面积 280 万平方米。发掘有城墙、宫殿、观象与祭祀建筑、大型仓储建筑等。

陶寺遗址发现观象台的遗存，研究后复原重建。曲线排列的一列竖墙，两两之间留有窄缝，在不同的季节，从原点（确定的观测点）可以在不同位置的墙缝中看到清晨初升的太阳，用以确定节气（图 3-16）。

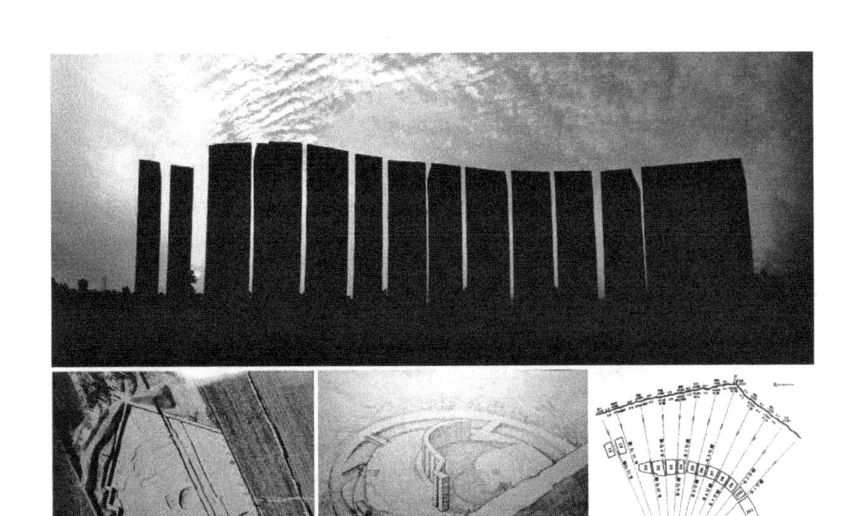

图 3-16

山西陶寺遗址观象台复原

对于中国历史上是否存在过“夏朝”，国内外学术界一直有争议。河南偃师二里头遗址中发现，其建造年代大约为公元前1800～1500年，相当于古代文献中的夏朝时期。二里头遗址对研究华夏文明的渊源、王都建设、国家的兴起、城市的起源、王宫定制等重大问题具有重要的价值（图 3-17 左）。

郑州商城属商代中期，始建年代为公元前1500年左右。城近似方形，边长约为1700米。城墙用夯土筑成，底宽20米左右，顶宽5米多，原初高度约为10米（图 3-17 右）。

用土和木材建造的建筑不耐久，这些遗址的地面部分都已荡然无存，考古发掘只是地基基础和残留的柱坑。但中国古代的文字是象形文字，河南安阳殷墟出土的甲骨文，从其中一些与建筑有关的文字中可以了解当时建筑的大致形象（图 3-18）。

图 3-17

河南偃师二里头遗址与郑州商城遗址

图 3-18

甲骨文中有关建筑的文字

关于西周时期的城池、宫室营建活动，在后来一些典籍中对其有了文字的描述。战国时期的《考工记》记载周朝的都城制度："匠人营国，方九里，旁三门。国中九经九纬，经涂九轨，左祖右社，面朝后市，市朝一夫。"（图 3-19）

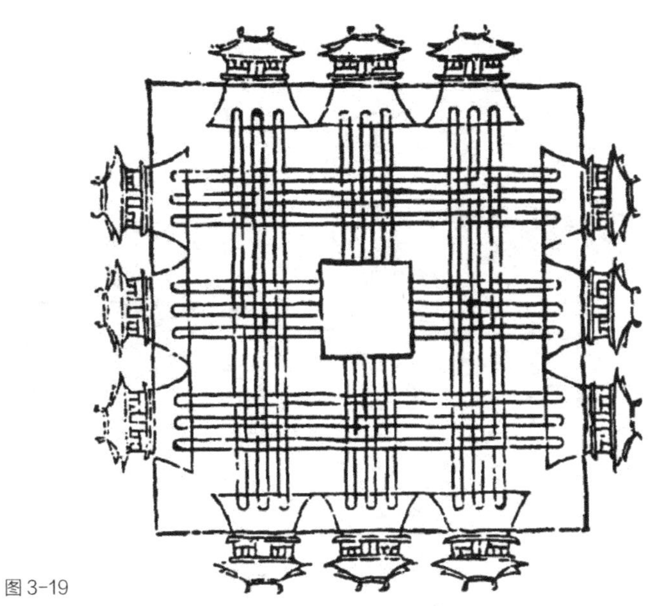

图 3-19

《三礼图》中的周王城图（宋人依据《考工记》所画）

在西周的青铜器上也可看出当时建筑（构件）的模样（图 3-20）。图 3-20 左为西周早期的青铜“令簋”，四足为方形短柱，柱头有“栌斗”，两柱之间有横枋，枋上有两个短柱，与两边的“栌斗”一起承托上面板状的方形底座。从这件铸造于周武王伐纣后仅仅二十年的铜器，可以看出商晚期和周初期建筑结构构件的端倪。图 3-20 右为西周铜方鬲的下部，显示了当时的建筑一面开门、三面开窗以及门窗的构型。

图 3-21 是梁思成手绘的战国青铜器“采桑猎钫”拓本宫室图，图中标注了建筑构件的名称。他在《中国建筑史》中写道：“屋下有高基，上为木构，屋分两间，故有立柱三，每间各有一门，门扉双扇。上端有斗栱承枋，枋上更有斗栱作平座。”

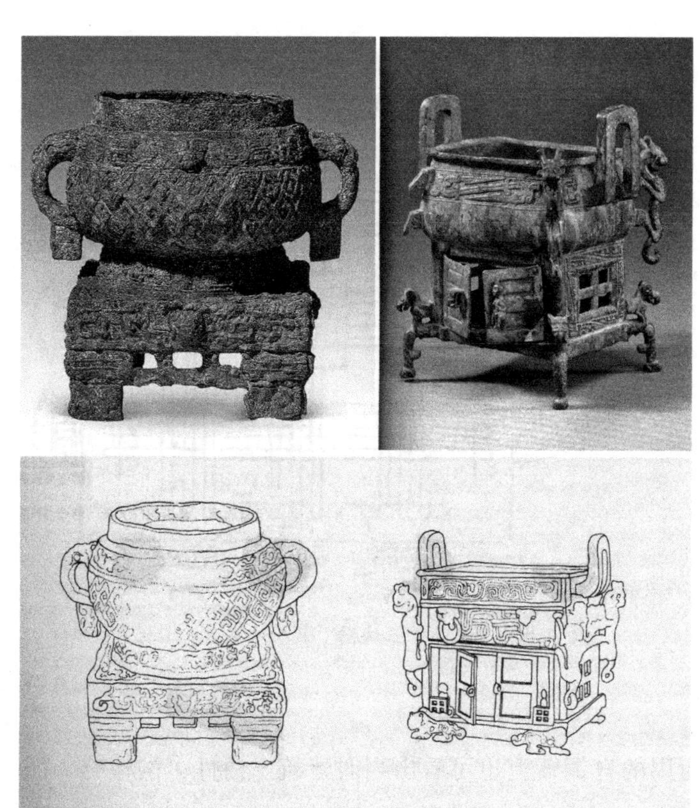

图 3-20

西周青铜器上建筑构件形式

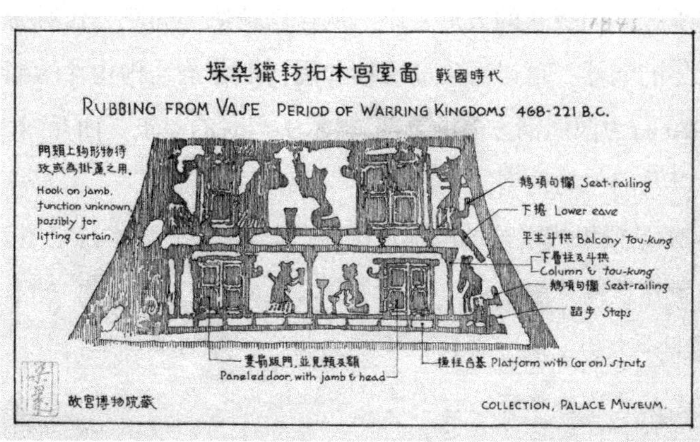

图 3-21

战国青铜器“采桑猎钫”拓本

公元前221年秦始皇统一中国，他大力建造宫室，“咸阳之旁二百里内宫观二百七十，复道甬道相连”，“作前殿阿房，东西五百步，南北五十丈，上可以坐万人”（《史记》）。“公元前206年，项羽引兵西屠咸阳，烧秦宫室，火三月不灭”，“楚人一炬，非但秦宫无遗，后世当易朝之际，故意破坏前代宫室之恶习亦以此为嚆矢”（梁思成，《中国建筑史》，1944年）。

图3-22上为阿房宫遗址发掘出的排水管和屋瓦；下为发掘的秦始皇陵兵马俑陪葬坑，这已是世人皆知的世界文化遗产。

图3-22

秦朝阿房宫遗址和秦始皇陵兵马俑坑

秦汉长城

在中国气候地理上有一条重要的分界线——400毫米等降水线。其东南为受太平洋季风影响的湿润地区，其西北为干旱地区，这条线成为农耕区与游牧区大致的分界。有一种说法，“400毫米等降水线，决定了中国古代社会的军事格局：经济、文化先进的农耕区处于守势，经济、文化落后而武力强盛的游牧区处于攻势。为了抵御游牧民族的入侵，中原王朝修筑了防御工事——长城，而基址正是400毫米等降水线”。尽管对此说法有不同看法，但长城是中原王朝抵御北方游牧民族入侵的防御工事却是历史事实（图3-23）。

秦、汉王朝修长城是为了抵御匈奴；汉朝以后，北方的游牧民族长期占据长城内外的地区，如南北朝、五代、辽金、蒙元时期，无需长城，期间唐朝国力强盛并在边境设藩镇，也没有修长城；直到明朝才重修长城。

汉朝的房屋现在没有遗存，但汉墓出土了众多房屋模型的陪葬明器。汉画像砖、画像石中也常刻画建筑（图3-24、图3-25）。

图3-23

秦汉长城遗存。

上：秦长城遗存；下：汉长城遗存

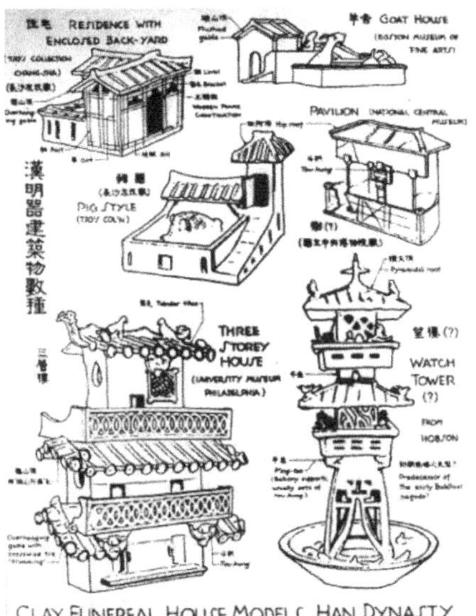

图 3-24

汉代明器建筑

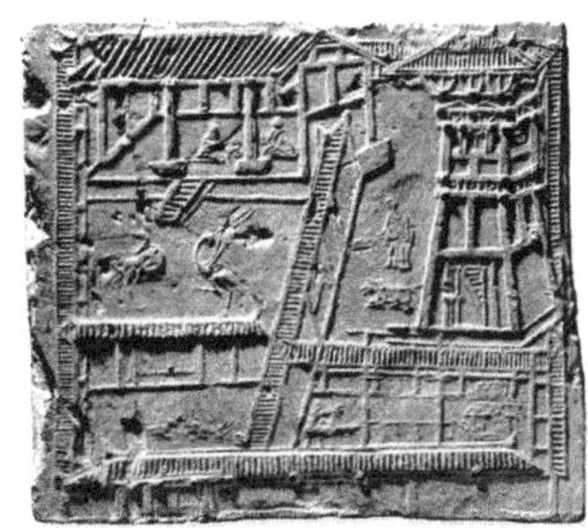

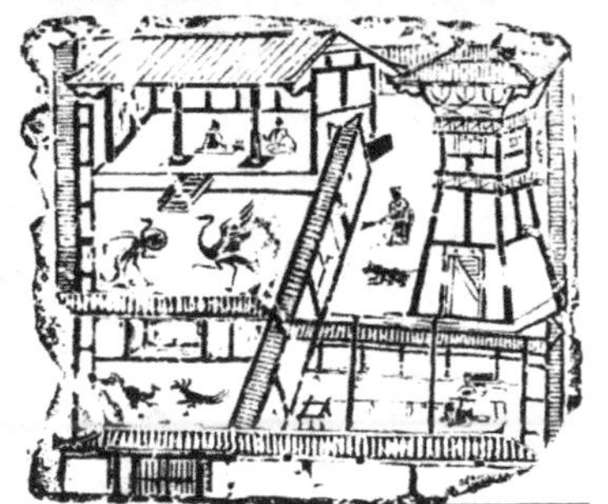

图 3-25

汉代住房建筑与院落

石阙

但汉代的石头建筑还是留下了一些遗存，其中以石阙为多。

阙是汉代建在宫殿、祠庙和陵墓前左右对称的礼制建筑，两阙间的“空缺”，是通向阙后建筑群的入口。每个阙由主阙和子阙组成，一般有阙基、阙身、阙顶三部分。

河南登封“汉三阙”：太室阙、少室阙、启母阙（图 3-26）。太室阙（公元 118 年）是汉代太室山庙前的神道阙，阙身四面刻有人物、动物、建筑等图案，另有隶篆铭文，是书法雕刻艺术中的珍品。少室阙（公元 123 年）在少室山下，阙上铭文叙述了大禹治水“三过家门而不入”的故事。启母阙（公元 123 年）是启母庙前的神道阙，阙身四周雕有画像，其中的蹴鞠图，刻有一个头挽高髻的女子双足跳起，正在踢球。

图 3-26
河南登封汉三阙

山东嘉祥县武氏阙建造于东汉建和元年（公元147年）。石阙与武氏祠为同一建筑群，是武氏家族墓地神道口的入口。阙身刻有神兽、飞禽和人物故事的图案，类似画像石的平刻手法（图3-27）。

图3-27

山东嘉祥县武氏阙

登封汉三阙和嘉祥武氏阙，"双阙对称，顶刻四坡瓦垄，檐下无斗拱，傍依子阙，通体平刻画像及花纹边饰"（梁思成，《中国建筑史》）。

四川渠县、雅安等地有多处汉阙遗存，如渠县冯焕阙、沈府君阙、雅安高颐阙、绵阳平阳府君阙等。

冯焕阙建造于东汉建光元年（公元121年），为无子阙的单阙，简洁秀拔，雕刻简练精致，"曼约寡俦，为汉阙中唯一逸品"（梁思成）。

高颐阙建造于东汉建安十四年（公元209年）。阙顶仿木结构建筑，有斗栱，雕饰图像想象丰富，"生动强劲，技术极为成熟"

（梁思成）。主阙高约 6 米，子阙高 3.4 米。高颐阙是全国唯一碑、阙、墓、神道、石兽保存最为完整的汉代葬制实体。

1940 年代，梁思成对渠县冯焕阙和雅安高颐阙进行了调查（图 3-28）。冯焕阙和高颐阙的现状，如图 3-29。

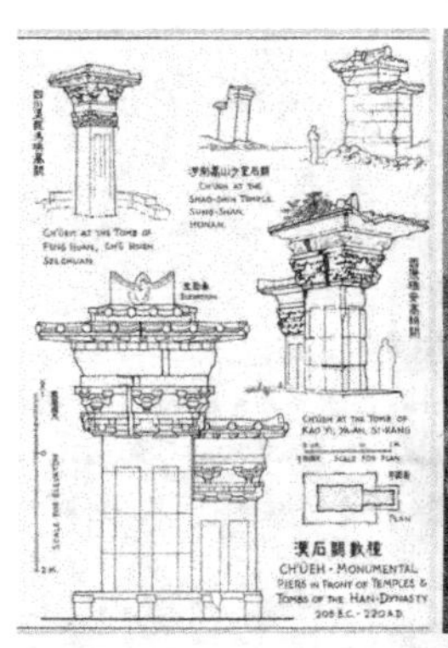

图 3-28

梁思成调查四川汉阙

图 3-29

渠县冯焕阙与雅安高颐阙现状

梁思成说："四川发现的汉阙常有鸟、龙、虎的浮雕，它们是装饰雕刻的上品"（图 3-30）。

图 3-30

汉阙的雕刻。

右上图中，一个力士正拽着捕食羊只的老虎的尾巴，很是生动有趣，力士既勇武又很"萌"。稚拙生动、富于想象是汉代雕刻的特点。

山东济南市长清区　孝堂山郭氏墓石祠（公元 129 年）

石祠是立于墓前的石屋，孝堂山石祠是我国现存最早的房屋式建筑，用青石砌成。祠堂坐北朝南，东西长 4.1 米，南北宽 2 米多，高 2.6 米。后墙和两山是石墙，正面开敞，正中立八角形石柱，柱顶有"栌斗"，柱础为一覆斗（倒置的斗）。在正中石柱和后墙间，上架三角形隔梁石，分室为两间。屋顶为两坡顶悬山式，由石板拼接而成，石板上雕有屋脊、瓦垄、连檐等构件的形象（图 3-31）。

图 3-31

山东济南市长清区孝堂山石祠

祠内三壁和隔梁石上刻满画像，图案为朝会、拜谒、出游、狩猎、百戏等题材。后墙上的筵宴图，可以看到两层的楼阁和立柱、斗栱。石刻画像十分生动，是汉画像石的精品（图 3-32）。

祠室外壁还有大量历代游人的题记，最早有纪年者为东汉永建四年（129 年）题记："平原漯阴邵善君以永建四年四月二十四日来过此堂叩头谢贤明。"类似今日"某某到此一游"，此种习惯两千年前就有。

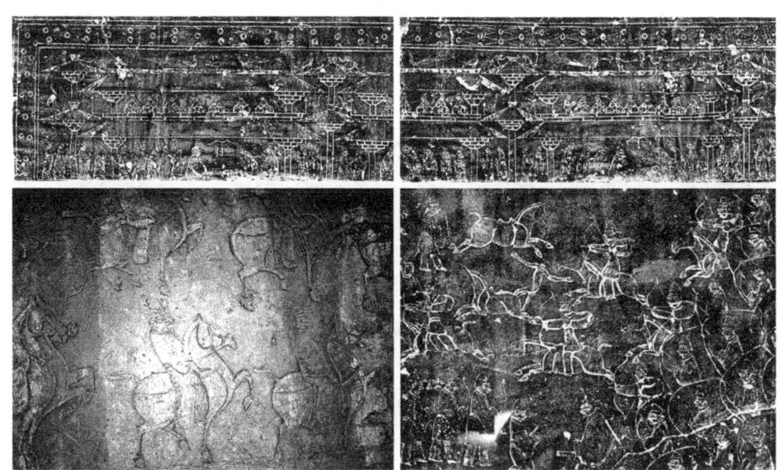

图 3-32

孝堂山石祠的石刻画像

山东沂南汉代石墓

建造于东汉末年，墓室坐北朝南，东西宽 7.55 米，南北长 8.70 米，由前、中、后三主室和四个耳室及一个东后侧室组成。前、中室由八边形石柱、斗栱、过梁分隔为两间，斗栱壮硕劲美；后室为棺床室，夫妻合葬，由地栿、斗栱、过梁、石壁分隔为两间。后侧室居东北角，内为蹲坑式厕所（图 3-33、图 3-34）。

图 3-33

山东沂南汉代石墓（一）

图 3-34

山东沂南汉代石墓（二）。

左：后室地袱及斗栱；右：东北侧室的厕所

四川郪江东汉崖墓

在山上凿洞建造墓穴，称为崖墓。以三台县郪江镇为中心的河湾山峦间，遗存数以千计的崖墓，以东汉墓为主。结构上，多室墓在中轴线上布置墓道、墓门、前室、中室、后室，另有侧室和耳室。很多墓有装饰和画像雕刻,还有一些有红色涂料彩绘（图3-35）。

图3-35

四川郪江东汉崖墓

陕西靖边统万城

东晋十六国时期大夏国都城遗址，位于无定河台地上。公元407年，匈奴部落的赫连勃勃以鄂尔多斯为根据地建立大夏国。公元413年，赫连勃勃发十万人筑统万城，六年筑成。城址由外廓城和内城组成，内城又分为东城和西城两部分。外廓城周长约

4700 米，东城周长为 2566 米，西城周长 2470 米，遗址全部为夯土建筑。施工要求极为严苛，夯筑的墙体，验收时用铁锥扎，“锥入一寸，即杀作者而并筑之”，不合格，杀施工者，并埋入墙内。统万城历经北魏、隋、唐、五代五百余年。北宋初年，统万城为西夏人所据；公元 994 年，被宋军攻占，宋太宗下令迁民毁城（图 3-36）。

图 3-36 陕北靖边统万城

佛教在东汉后期传入中国。汉明帝派使团出使西域，永平十年（公元 58 年）得佛像经卷，用白马载抵洛阳，明帝为其建白马寺，为我国学者所公认为佛教传入中国之始。与佛教有关的建筑活动是建佛寺、佛塔，凿石窟。木构佛寺的原物难以保留久远，加之

"三武灭佛"（北魏太武帝、北周武帝和唐武宗三次灭佛）拆毁佛寺，唐武宗会昌灭佛，"天下所拆寺四千六百余所"。所以盛唐以前的佛寺今日都已无存，唯石窟和砖石佛塔今天还有遗存。

山西大同云冈石窟（北魏 公元 460～494 年开凿）

云冈石窟的佛像与雕刻文饰受印度犍陀罗艺术的影响，而犍陀罗艺术受希腊和波斯影响（图 3-37）。

图 3-37

山西大同云冈石窟。

大佛的鼻子是希腊雕像的"直鼻"，雕刻的卷草纹饰也不是中国已有的形式。左下图可以看到有类似希腊爱奥尼式的柱头。右下图石刻的屋檐下有斗栱和人字形的"叉手"，却是中国当时木构建筑的特征。

佛教在南朝也很盛行，“南朝四百八十寺，多少楼台烟雨中”（唐 杜牧诗）。但木构的佛寺和宫室殿宇都没有留存，南朝也无开凿石窟，所以南朝的建筑遗存是陵墓前石头的神道柱（墓表）和石兽（图 3-38）。

图 3-38
南朝陵墓神道柱和石兽。
神道柱分为柱头、柱身和柱座三部分。柱头圆盖饰覆瓣莲花纹，圆盖上立一昂首的小兽（辟邪）；柱身上部有长方形柱额，上刻铭文，一对神道柱铭文反书与正书相对；柱额下有负重力士像浮雕，再下面依次饰有一圈绳辫纹和一圈交龙纹。柱身有直刳棱纹 24 道，柱座上圆下方，刻有双螭。整个石柱各部比例和谐，造型典雅秀美，雕饰精致。石兽用整块巨石雕成，昂首挺胸，张口吐舌，颈背曲线极具张力，腹侧双翼，长尾曳地，一足前迈，尽现刚劲威猛之美。

北魏迁都，从大同迁到洛阳，并在洛阳开凿石窟。但洛阳龙门石窟的黄金时期已到盛唐时（后面会讲到），北魏入主中原，建筑文化中心也随之转移。

河南登封嵩岳寺塔（北魏，公元 520 年）

是我国现今存留最早的塔，为砖砌密檐式塔，也是唯一的一座十二边形塔。总高 37 米，底层直径 10.6 米，墙体厚 2.5 米。塔身上部有叠涩密檐 15 层，檐宽逐层收分，使外轮廓呈现优美的曲线造型。圆拱形门洞上方有火焰纹尖券纹饰，柱头饰以火焰和垂莲，可以看到受印度佛教纹饰的影响（图 3-39）。

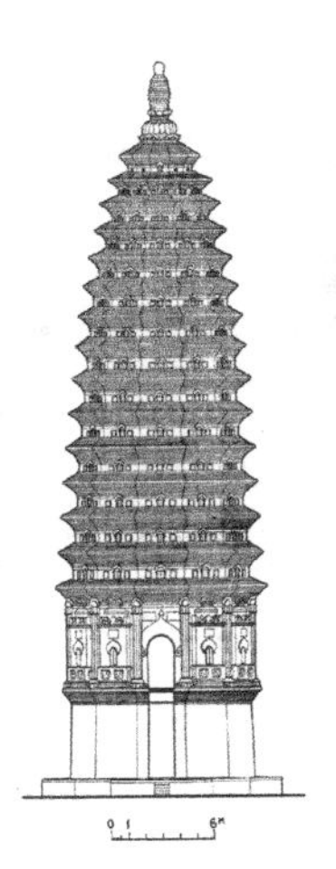

图 3-39

河南登封嵩岳寺塔

隋唐五代

赵州桥（隋 大业年间，公元 605 ~ 617 年）

单跨弧形石拱桥，桥长 51 米，跨径 37 米，拱高 7.2 米，拱高与跨度之比只有 1/5（半圆拱桥是 1/2），实现了大跨度、低桥面。

大拱的两肩上，各有两个小拱，称为“敞肩桥”，是世界上最早的敞肩桥实例。桥上石栏板雕刻精美，形象生动（图 3-40）。

图 3-40

河北赵县赵州桥

洛阳龙门石窟

始建于北魏，后经唐、五代直至宋，都有开凿。奉先寺是龙门石窟中规模最大、雕刻最为精美的一组摩崖群雕。开凿于唐高宗咸亨三年（公元 672 年），皇后武则天捐出脂粉钱两万贯，上元二年（公元 675 年）完成。共有九尊大像，中间为卢舍那大佛，像高 17 米，佛像面部丰满圆润，神情宁静慈祥，形象典雅华贵，凸显盛唐气象，具有巨大的艺术魅力（图 3-41）。

图 3-41
河南洛阳龙门石窟

唐朝佛寺都建有佛塔，殿宇经历沧桑多已损毁或重建，唯有砖石佛塔历千余年还有一些遗存，例如西安大雁塔、小雁塔、大理崇圣寺千寻塔等（图 3-42、图 3-43）。

图 3-42
陕西西安大雁塔与小雁塔。
左：西安大雁塔（唐，652 年，明朝修缮过）；右：西安小雁塔（唐，707 年）

大理崇圣寺现有三塔，中间是唐代南昭国建造的千寻塔，为方形密檐塔，檐16层。塔身高59米，加上台基和塔刹通高69米，底方9.9米。造型灵秀挺拔（图3-43）。

图3-43

云南大理崇圣寺千寻塔（唐 南昭王劝丰祐年间，公元824~859年）

五台山南禅寺大殿（唐，公元782年）

中国现存年代最早的木结构建筑。大殿为单檐歇山顶，面阔、进深各三间，面阔11.75米，进深10米。南禅寺大殿虽然不大，但舒缓的屋顶、雄大疏朗的斗栱，体现出一种雍容大度的格调，可以从中感受到大唐建筑的艺术风格（图3-44）。殿内佛坛上彩塑17尊，都是唐代原物。

五台山佛光寺（唐，公元857年）

讲一个故事——发现佛光寺大殿的经过。

1937年，梁思成、林徽因和中国营造学社同仁调查中国古建筑已有六年，一直没有发现唐代木构建筑遗存。难道真的像日本

图 3-44

山西五台山南禅寺大殿

学者所说，中国没有唐代木构建筑的遗存，要了解唐代建筑，需到日本去看？但梁林坚信“国内殿宇必有唐构”。

他们从敦煌壁画“五台山佛境”中看到有“大佛光寺”题识，1937 年 6 月他们赴山西考察古建筑来到五台山，打听到是有一个“佛光寺”，在偏僻的小村，交通不便，于是骑骡子前往。

他们从大殿的外观和斗栱的形制判断可能是唐构。梁思成与助手钻进“住着成千上万只蝙蝠和千百万臭虫，沉积了厚厚的尘土和蝙蝠尸体”的顶棚，“一连测量、绘图和用闪光灯拍照了数小时”。他们发现大殿木构用人字形“叉手”支撑脊槫，而不是短的立柱，这是该殿早于宋、辽的证据。

第三天，林徽因看到“在一根梁底上有非常模糊的毛笔字迹象”，于是搭起脚手架，爬了上去，拂去灰尘，沾上清水，显出字迹。其中有文字“佛殿主上都送供女弟子宁公遇”。原来这个佛殿是一个叫宁公遇的妇女捐建的。

林徽因记起头一天在外面平台的石经幢上面，好像见过这个名字。她立刻来到石经幢前，经幢上也刻有“佛殿主女弟子宁公遇”的文字。这个石经幢上带有纪年“唐大中十一年”，即公元857年。佛光寺大殿的建造年代得到确认（图3-45、图3-46）。

因为南禅寺大殿是在1950年代才发现，所以佛光寺大殿是当时发现的中国年代最早的、唯一的唐代木构建筑，而且规模大，保存完好。梁思成赞誉它为“中国建筑第一瑰宝”。

图3-45

山西五台山佛光寺大殿

图3-46

梁思成与林徽因调查佛光寺

佛光寺大殿为单檐庑殿顶，面阔七间，长 34 米；进深四间，长 17.7 米。其柱网由内外两周柱子组成，形成面阔五间、进深两间的内槽和一周外槽。内槽后半部建有佛坛，正中置三座主佛及胁侍菩萨，坛上还散置菩萨、力神等二十余尊，都是唐代塑像（图 3-47）。

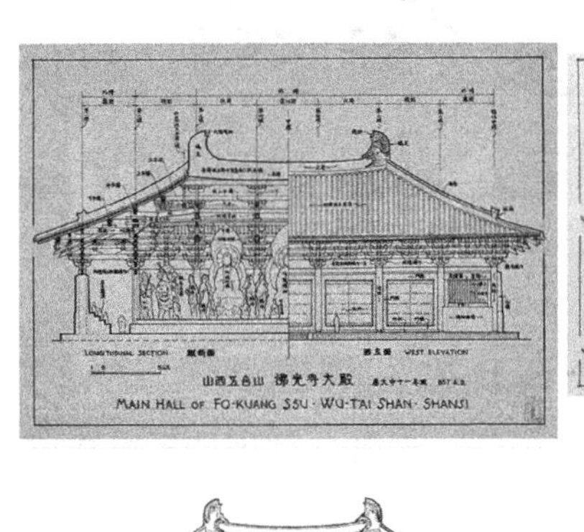

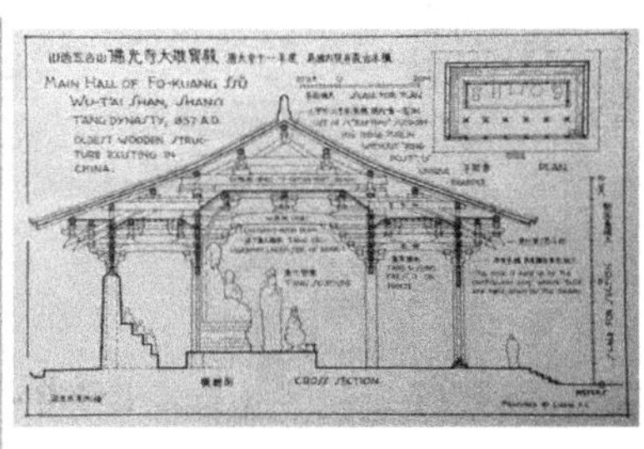

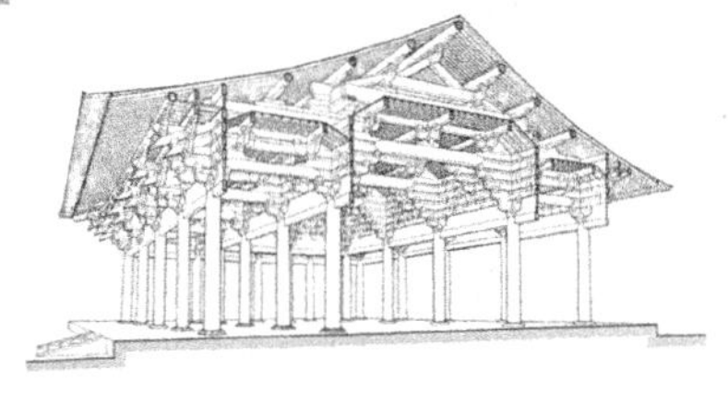

图 3-47

梁思成绘制的佛光寺大殿结构图

山西平遥镇国寺

建于北汉天会七年，963 年，其万佛殿为五代遗物，在我国现存的木结构建筑中，仅晚于五台山南禅寺、佛光寺的唐代大殿（图 3-48 左）。

福州华林寺

长江以南现存最古老的木构建筑。宋代《三山志》等史书记载，吴越国拥有福州时期，郡守鲍脩让于钱氏十八年（北宋乾德二年，公元 964 年），拆除五代闽国宫殿建筑用于修建华林寺等佛庙（图 3-48 右）。

图 3-48
山西平遥镇国寺与福建福州华林寺

南京 栖霞寺舍利塔（南唐时期，公元 937～975 年）

八边形五重檐的小石塔，高 10 米，但其造型创造了密檐塔的新形式（图 3-49）。

图 3-49
南京栖霞寺舍利塔

宋辽金元

中国历史在五代战乱以后，进入了北宋与辽南北政权对峙的时代。南北双方是敌国，但两边的建筑形制却相同。究其原因，两者都承继的是统一的唐朝的规制，都信奉佛教，边界也不能阻挡工匠的交流，尤其是宋辽“澶渊之盟”后的百年和平时期，双方经济、文化的交流频繁。

契丹族的佛教信仰起于唐末，到辽占据佛教盛行的燕云十六州后，佛教达到极盛。

蓟县独乐寺（辽，公元 984 年）

现存山门与观音阁是原物（图 3-50、图 3-51）。山门面阔三间，单檐庑殿顶。台基低矮、斗栱雄大，出檐深远，屋脊鸱尾遒劲，作为寺院入口，庄严稳固。观音阁外观两层，内设夹层，实为三

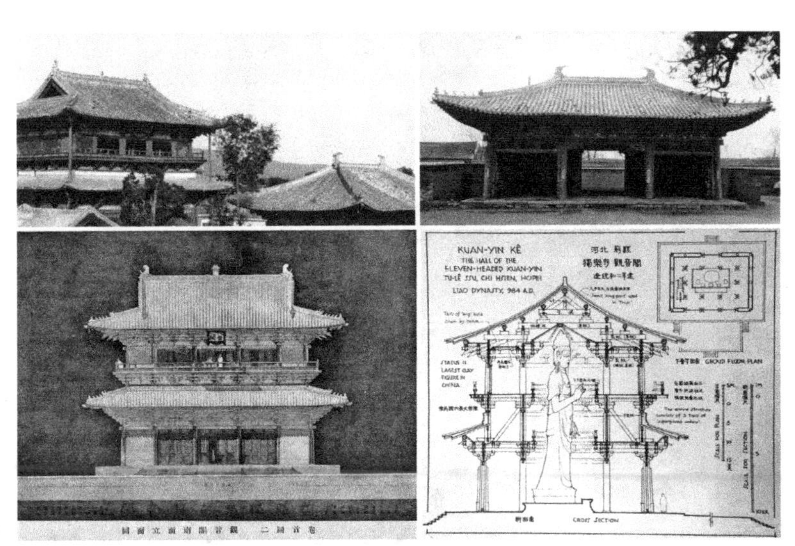

图 3-50

河北蓟县独乐寺（一）

图 3-51
河北蓟县独乐寺（二）

层。楼层中心设空井，上下贯通，16 米高的观音塑像由底层穿过空井，直达三层。这座十一面观音像是国内现存最高的古代塑像，造型精美，佛相庄严。

辽宁义县 奉国寺（辽，1020 年）

辽圣宗在其母萧太后故里建奉国寺。奉国寺大雄殿是辽代遗存，“盖辽代佛殿最大者也”（梁思成），单檐庑殿顶，面阔九间。殿内有七尊佛像并列一堂，气势恢宏（图 3-52）。

图 3-52
辽宁义县奉国寺

太原晋祠圣母殿（北宋，1032 年）

面阔七间，进深六间，四周围廊，重檐歇山顶，檐角起翘较大，整个建筑外观与唐代建筑的雄朴风格不同，显得有些柔和（图 3-53）。

图 3-53
山西太原晋祠圣母殿（一）

殿内有 40 座侍女塑像，是宋代彩塑的精品。侍女的神态各异，反映了各自的阅历和心境（图 3-54）。右上的侍女入宫多年，沉着老道，负管事之责；右下的侍女是初来少女，天真稚气。

在北宋太原的晋祠圣母殿落成 6 年以后，辽国的大同建成了下华严寺薄伽教藏殿。大同与太原都在山西省，相距仅 280 公里。杨家将抗辽的故事就发生在途中的雁门关。

图 3-54

山西太原晋祠圣母殿（二）

大同下华严寺薄伽教藏殿（辽，1038 年）

面阔五间，进深四间，单檐歇山顶，屋顶坡度平缓，出檐深远。佛坛上有辽代彩塑 29 尊，其中“露齿观音”（民间俗称，实为胁侍菩萨）像最为生动，身姿略侧、颈项微斜、两手合十、露齿微笑。殿内四周，依壁有两层楼阁式藏经柜，在后窗处，有用拱桥连接的木制天宫楼阁 5 间，楼阁雕工极细，可以说是辽代木构建筑的模型（图 3-55）。

图 3-55

山西大同下华严寺

山西应县释迦塔（辽，1056 年）

为国内现存最早和最高的木塔。平面八角形，高五层，全部木构。下为阶基，屋顶为攒尖顶，上立铁刹，全高 67.3 米，底层直径 30.3 米。第一层立面重檐，以上各层均为单檐，共五层六檐，各层间暗设夹层，实为九层。各层均用内、外两圈木柱支撑，外圈 24 根，内圈 8 根。木柱之间用斜撑、梁、枋和短柱，组成不同方向的复梁式木架。木塔外形比例和谐，稳重庄严，构件华美，技艺精湛，经多次地震、屹立近千年，实为中国古建筑之瑰宝（图 3-56、图 3-57）。

图 3-56

山西应县释迦塔（一）

图 3-57

山西应县释迦塔（二）

河北正定隆兴寺

公元984年，辽国在蓟县独乐寺塑了一尊高16米的“千面观音”，是全国现存最高的古代观音塑像。而公元971年北宋在正定隆兴寺用铜铸了一尊高19.2米的“大悲菩萨”，周身有42臂，又称“千手观音”，是国内现存最高的铜铸观音像。正定与蓟县都在河北，相距仅350公里，宋、辽在“澶渊之盟”（1005年）前是两个交战的敌国，却出现如此的“巧合”，值得研究（图3-58）。

图3-58
河北正定隆兴寺大佛与蓟县独乐寺观音像

庇护铜“千手观音”的大悲阁，民国初年已破旧、损毁严重，现今的建筑是1944年重修的。“大悲菩萨”在宋代铸造时42臂均为铜铸，手为木雕，而现在仅当胸合掌的两臂为铜质，两侧的40只手臂已在清代换为木制。

隆兴寺现存北宋原有建筑遗存是摩尼殿和转轮藏殿。摩尼殿正殿是重檐歇山顶，四面各有一山墙对外的抱厦，于是大殿正面是一歇山顶的山墙，这种在宋朝绘画中所见的形式，国内现存的实物仅此一例，但在韩国、日本还有存留，韩国称为“龟头殿”。

摩尼殿北壁有宋代的五彩壁塑，端坐于中间的自在观音像，被鲁迅称为“东方美神”（图 3-59）。

图 3-59
河北正定隆兴寺

清明上河图可以看到北宋京城汴梁（开封）的街市建筑。宋界画可以了解宋朝的宫室园囿建筑（图 3-60）。

图 3-60
宋清明上河图与界画中的建筑

辽宁庆州白塔（辽，1049 年） 北京天宁寺塔（辽，1120 年）

庆州白塔是一座仿木结构的楼阁式塔，平面为八边形，七层，通高 73 米，是辽兴宗为其生母特建。塔身洁白如玉，挺拔秀美，浮雕精湛细致，有辽代佛教“显密圆通”的特色（图 3-61 左）。

天宁寺塔是北京城区现存最古老的地上建筑。据 1992 年大修时发现的辽代建塔碑可知，此塔建于辽天庆十年（1120 年）。塔高 58 米，为八角十三层檐密檐式实心砖塔。基座八边形，分为上下两层，十三层塔檐逐层收减，整座塔造型俊美挺拔（图 3-61 右）。

图 3-61

辽宁庆州白塔与北京天宁寺塔

大同上华严寺大雄宝殿（金，1140 年）

大殿面阔九间，长 54 米，进深五间，长 29 米，单檐庑殿顶，与义县奉国寺大殿并列为中国规模最大佛殿的双雄。檐高 9.5 米，出檐 3.6 米，殿顶正脊两端的琉璃鸱吻高达 4.5 米。大殿巍峨壮观、气势雄伟。大殿正中供奉着五尊佛像，称作五方佛，是明代所塑（图 3-62）。

图 3-62

山西大同上华严寺

河北正定广惠寺花塔（金大定年间，公元 1161 ~ 1189 年）

花塔由主塔和四角的附属小塔组成，用砖砌造而成。主塔第四层表面以砖心泥塑塑出莲瓣、方塔及狮、象等，各类塑像呈八边形排列，且上下相错，花式繁复，故称“花塔”（图 3-63）。

泉州 开元寺仁寿塔（南宋，1237 年）

泉州开元寺大殿前东西两侧，有一对石塔。东塔名镇国塔，西塔名仁寿塔，全部用石仿木构建造，为我国现存最高大的一对石塔。仁寿塔建成较早。塔高 44 米，各层门、龛两旁有浮雕佛像 80 尊，形态各异，线条粗犷（图 3-64）。

图 3-63

河北正定花塔

图 3-64

福建泉州开元寺仁寿塔

河北曲阳北岳庙德宁殿（元，公元 1270 年）

我国现存元代木结构建筑中最大的一座。面宽九间，进深六间，四面围廊，重檐庑殿顶，通高 25 米（图 3-65）。殿内壁画很精彩，传为唐吴道子画，似应元代所画（图 3-66）。

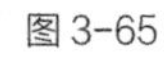

图 3-65

河北曲阳北岳庙德宁殿

图 3-66

德宁殿的壁画

北京妙应寺白塔（元，1271 年）安阳白塔（元）五台山塔院寺白塔

元世祖忽必烈迎释迦佛舍利，于至元八年（1271 年）在大都城西南修建了这座大型喇嘛塔，由当时尼波罗国（今尼泊尔）的阿尼哥主持修建。妙应寺白塔是元大都保留至今的重要标志，塔高 50 米（图 3-67 左）。

梁思成在 20 世纪 30 年代考察过安阳白塔，判定“此式塔型至元代始见于中国，准确年代虽无考，但其形制与元代多数塔略异，殆为元代最古之瓶式塔也”（图 3-67 中）。

对五台山塔院寺白塔建造年代说法不一。梁思成在《中国建筑史》（1944 年）中，说此塔“为五台最显著之建筑”，“明万历二十五年（公元 1597 年）所重建也”，“此塔与北平妙应寺塔相较，虽同属一形，但比例较之略为紧促，故其全部所呈现象，较为舒适稳妥”（图 3-67 右）。

图 3-67
北京妙应寺白塔、安阳白塔、五台山塔院寺白塔

山西永济市/芮城县永乐宫（元）

金、元时期，道观兴建普遍，元大都的道观达52宫、70观。山西永济市永乐宫是道教建筑，元代贵由二年（公元1247年）动工兴建，前后达110多年。由南向北依次排列着宫门、无极门、三清殿、纯阳殿和重阳殿。四座大殿内布满壁画，是元代壁画的精品（图3-68左）。

永乐宫原址位于芮城县西南黄河北岸的永乐镇（旧属永济县），处于三门峡水库的淹没区内，1959年采取了异地搬迁的方案。将附有壁画的墙壁逐块锯下，然后把墙上的壁画与墙面分离。墙壁、壁画薄片与建筑构件运到现在的芮城县址，复建宫殿，再在墙上逐片地将壁画贴上，加以仔细修饰。迁建工程历经5年（图3-68右）。

图3-68

山西永济市永乐宫

河南登封观象台（元，1279年，郭守敬建）

图3-69左是登封观象台。台高9.64米（约为当时的4丈），圭长31.2米（相当于12丈）。正午时分，正南的太阳把台上横梁（圆

棍）的影子投射到台后（正北）地面的圭表上。季节不同，落影在圭表上的位置不同。

图 3-69 右是当代仿制的铜圭表及其原理分析。小图是汉代可折叠的便携式铜圭表，打开后，阳光透过立柱的小孔在水平的圭表上形成光点。不同节气，光点位置不同。

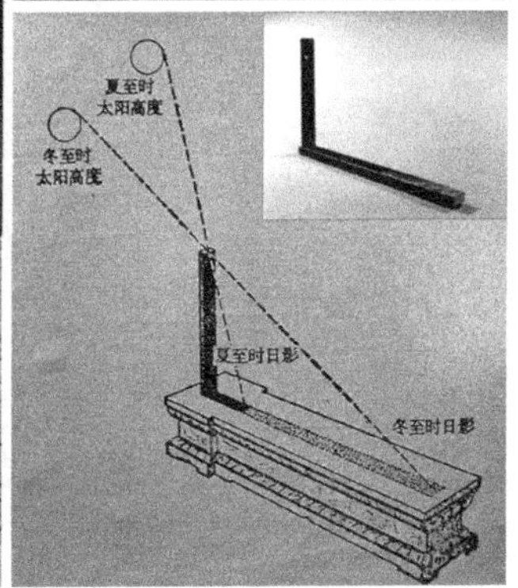

图 3-69
河南登封观象台

中国古代是农耕社会，种庄稼要知道节气（节令和气候），节气是与地球围绕太阳运行的周期状态相关的。但中国古代使用的“阴历”是月亮历，以观察月亮围绕地球转动的周期状态确定月份和日期，所以不能以其月份和日期确定节气。中国古代如何确定节气呢？通过“立杆测影”：观察垂直的立杆在当地正午时刻太阳照射下影长的变化来确定节气。一年中杆影最长的那天定为冬至日，杆影最短定为夏至日。“两至”杆影长度之间分成十二等分,每个分点代表一个节气。杆影从最长的冬至日,一天天缩短,每过一个分点就是一个节气，直到最短的夏至日；然后杆影变长，依次通过每个分点，直到最长的冬至日，完成一年的循环，正好二十四个节气。二十四节气与阳历月份和日期的对应关系是固定的，只有一两天的变动。

立春　雨水　惊蛰　春分　清明　谷雨

立夏　小满　芒种　夏至　小暑　大暑

立秋　处暑　白露　秋分　寒露　霜降

立冬　小雪　大雪　冬至　小寒　大寒

春雨惊春清谷天（二、三、四月　春季）

夏满芒夏暑相连（五、六、七月　夏季）

秋处露秋寒霜降（八、九、十月　秋季）

冬雪雪冬小大寒（十一、十二、一月　冬季）

2016 年，中国二十四节气成功申报为世界非物质文化遗产。

福建泉州清净寺（元）

泉州清净寺（原艾苏哈卜寺）是我国现存最古老的具有阿拉伯建筑风格的伊斯兰教古寺。元至大二年（公元 1309 年）由伊朗人艾哈默德仿照叙利亚大马士革伊斯兰教礼拜堂的形式建造（图 3-70）。

大门楼的外观具有传统的阿拉伯伊斯兰教建筑形式。与门楼相联是礼拜大殿,面积约 600 平方米,上面原来罩着巨大的圆穹顶,圆顶在 1607 年泉州的一次大地震中坍塌。

泉州是海上丝绸之路的起点，当时住有大量阿拉伯商人和侨民。清净寺是中外经济文化交流的历史见证。

图 3-70

福建泉州清净寺

居庸关云台（元，1347 年）

云台是元代大型过街喇嘛塔的基座，基座上的塔已经缺失。门洞内壁面和券顶布满佛像、佛经的雕刻。门洞两边墙上四大天王的浮雕，孔武有力，怒目圆睁，神情威严。天王像之间，有用梵、藏、八思巴（蒙）、畏兀儿（维吾尔）、汉、西夏六种文字雕刻的陀罗尼经咒文，对破译八思巴、西夏等已废止的古文字，提供了非常珍贵的实物资料。云台的雕刻精致生动，是元代石雕艺术中的杰作（图 3-71）。

图 3-71

北京居庸关云台

明清

明长城——绵延万里的防御工程

明朝恢复了中原民族执掌政权的统一局面，北方游牧民族退回到 400 毫米等降雨线以北。中原农耕民族又需要筑长城来抵御草原游牧民族，但时代的演进、武器的进步使秦汉夯土、堆石的长城已难起作用。明朝修筑的是砖石砌筑的坚固的城防工事，“万里长城”是浩大的工程（图 3-72）。

图 3-72
明长城

明朝留给后世的除了长城、皇宫，就是皇陵了，满族入关建立清朝，对前朝的陵寝持尊重和保护的态度，是文明的进步。明朝皇陵今日已列入世界文化遗产，但明陵除了北京的“十三陵”以外，还有三处——南京、江苏盱眙和湖北钟祥（图 3-73）。

青海乐都县　瞿昙寺（明）

瞿昙寺位于青海省乐都县，始建于明开国皇帝朱元璋洪武二十五年（1392 年），是一座藏传佛教寺院。但瞿昙寺的建筑却是典型的明代早期的官式建筑，是现今中国西北地区保存最为完整、规模宏大的明朝寺院建筑（图 3-74）。

明初，中原已定，但西北边陲尚未稳定，蒙元势力仍有威胁。当时藏传佛教卓仓寺的三罗喇嘛招抚藏族部众归顺明王朝，使得

图 3-73
明皇陵。
左上、左中：明孝陵（朱元璋） 南京 1381 年；左下：明祖陵（朱元璋父母），江苏盱眙县；下中、右上：明长陵（朱棣）及祾恩殿（1407～1427 年）——最大的享殿 北京；右下：明显陵（嘉靖的父亲） 湖北钟祥市（1566 年）

青海地区结束了改朝换代造成的混乱局面。公元 1393 年，朱元璋赐寺名“瞿昙”，朝廷授三罗喇嘛西宁卫僧纲司都纲，封土地、划林地，并拨款建寺。明朝初年先后派太监率工匠历时 36 年修建瞿昙寺。宣德二年（1427 年），隆国殿完工，采用重檐庑殿顶——皇家宫殿的规制。明朝初年，瞿昙寺成为政教合一的大寺，是中央同青海藏区进行联系、推行“抚边”政策的枢纽。

图 3-74

青海乐都县瞿昙寺

武当山古建筑群（世界文化遗产）（明）

湖北武当山有着中国规模最大的道教宫观建筑群。笃信道教的明成祖朱棣前后动用 30 万工匠，历时 12 年，在湖北武当山修成道教宫观 8000 余间，后来，又不断扩建，武当山的道教建筑达到了 2 万间之多（图 3-75）。

图 3-75

湖北武当山建筑群

金殿在武当山主峰天柱峰的顶端，始建于明永乐十四年（1416年），是中国现存最大的铜铸建筑物。

紫霄宫是武当山保存最完好的一座宫殿。明永乐十年（1412年）敕建，嘉靖三十一年（1552年）增修扩建。

北京大正觉寺金刚宝座塔（明，1473年）

明成化九年（1473年）在真（正）觉寺内仿照印度形式建金刚宝座塔。敦煌壁画中虽有见此形式的塔，但这是中国最早的实物。内部用砖砌成，外表用青白石包砌。方形的基台上布5座方锥形密檐塔，四角4座较矮，中央1座较高。基台下部为须弥座，上部台身分为5层，每层皆雕出柱、栱、枋和短檐，已是中国建筑构件形式。正面基台上建有一琉璃圆顶方亭——罩亭，更是中国建筑形式。基台和小塔周壁雕刻题材十分丰富，属佛教密宗装饰题材（图3-76）。

图3-76
北京大正觉寺金刚宝座塔

山西万荣县 飞云楼（明）

飞云楼在万荣县东岳庙中，全部木构，楼身平面为方形，楼层明三暗五，通高23米，十字歇山顶。二、三层四面中间各出抱厦。各层飞檐与抱厦飞檐交接翘起，全楼翘椽翼角共有32个，全楼斗栱密布，玲珑精巧，木构件表面不髹漆，显现木材本色。整个建筑造型变化多端、错综复杂。飞云楼始建年代不详，历代维修，基本保有元、明建筑风格（图3-77）。

图3-77
山西万荣县飞云楼

北京 紫禁城（明 清）

明成祖朱棣从他侄子手里夺取皇位，将都城从南京迁到北京，在元大都宫殿原址上建紫禁城。从明永乐十九年（1421年），直到清末（1911年），紫禁城是明、清两朝的皇宫。明末李自成大顺军攻陷北京，崇祯上吊自杀，明亡。清兵入关，李自成撤出北京前放火焚烧明室宫殿。清顺治、康熙两朝将毁坏的宫殿复建。至今还是明朝遗存的重要建筑有：太庙（左祖），重檐庑殿，十一开间；社稷坛享殿（右社）和中轴线上的建极殿（保和殿），重檐歇山，九开间。

紫禁城位于北京城中心，处在北京城南北中轴线上，南北取直，左右对称。宫殿区前面是“外朝”区，用于礼仪和朝政，有太和、中和、保和三大殿，其中太和殿最为高大，重檐庑殿，十一开间，面阔60米，进深33米，高踞在三层汉白玉台基之上。后面是“内廷”区，是皇帝处理日常政务和与后妃居住生活的地方。内廷以乾清宫、交泰殿、坤宁宫为中心，东西两翼有东六宫和西六宫。“外朝”与“内廷”建筑布局和风格因应功能而不同（图3-78～图3-80）。

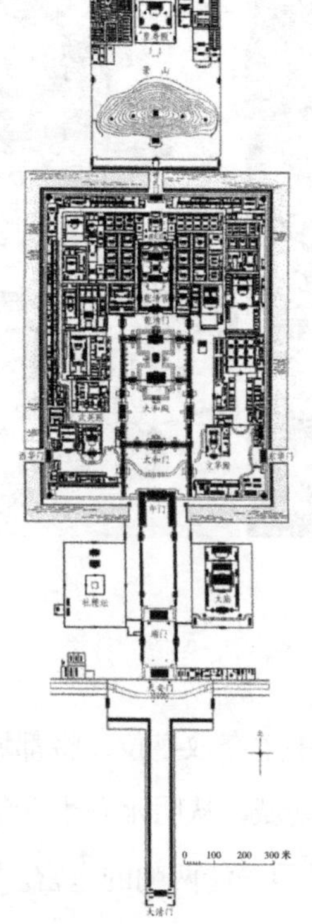

图3-78

北京紫禁城平面

图 3-79
北京故宫（一）

图 3-80
北京故宫（二）

北京 天坛

天坛始建于明永乐十八年（1420年），清代曾重修改建，是明、清两代皇帝每年祭天、祈求五谷丰登的场所。天坛是圜丘、祈谷两坛的总称，圜丘在南，主要建筑有圜丘坛和皇穹宇。祈谷坛在北，主要建筑有祈年殿、皇乾殿、祈年门（图3-81）。

祈谷坛是坛殿结合的圆形建筑，坛有三层，高5.6米，顶层直径68米；殿为圆形，直径33米，高38米，覆三重蓝琉璃瓦，圆形屋檐，攒尖顶。

皇穹宇为圆形平面，曲面圆锥形屋顶。室内顶部的斗栱藻井十分精致，经常作为介绍中国传统建筑书籍的封面。室外三音石、回音壁的声学现象很吸引人。

图3-81

北京天坛

清朝在北京西北郊营建“三山五园”皇家园林，作为常年生活甚至政务处理之地。所谓“三山五园”是指香山、玉泉山、万寿山和静宜园（香山）、静明园（玉泉山）、清漪园（万寿山）、圆明园、畅春园（图 3-82）。

图 3-82
北京“三山五园”

金大定二十六年（公元 1186 年）建香山寺。清康熙年间（公元 1662 ~ 1722 年），在香山寺及其周围建成“香山行宫”。乾隆十年(公元 1745 年)加以扩建,翌年竣工,改名“静宜园”(图 3-83)。

图 3-83
香山静宜园

颐和园

乾隆十五年（1750年），乾隆下令拓挖瓮山前原有的西湖，更名为昆明湖，将挖湖土方堆筑于北面的瓮山，并将瓮山改名为万寿山，乾隆二十九年（1764年）建成清漪园。1860年遭英法联军破坏；光绪年间，慈禧太后将其修复后更名为颐和园；1900年八国联军对其又有所破坏，后又进行修复，但后山建筑一直没有恢复原状。颐和园是中国皇家园林的典范，已列入世界文化遗产名录（图3-84～图3-86）。

图3-84

万寿山颐和园老照片。

左：1872年英国人拍的清漪园照片；右：1901年日本人拍的颐和园照片

图3-85

颐和园万寿山

图 3-86
颐和园昆明湖

圆明园

圆明园始建于康熙四十年（1708 年），是康熙给皇四子胤禛的赐园（康熙自己住在南面的畅春园，东边的熙春园赐予皇三子胤祉）。胤禛继位后（雍正）拓展原赐园，并在园南增建了正大光明殿和勤政殿等政务建筑。其后乾隆在圆明园东邻建长春园，有海晏堂、远瀛观等西洋风格的建筑群。在东南邻并入了绮春园，至乾隆三十五年（1770 年），圆明三园的格局基本形成。占地 5200 余亩，挖湖筑山，集 40 景，建筑物 145 处，被称为“万园之园”。

1860 年，圆明园被英法联军焚毁；1900 年八国联军入侵北京，又遭破坏；后又经“木劫”（盗伐树木）、“石劫”（盗拆石建筑构件），现仅存遗址（图 3-87、图 3-88）。

图 3-87

圆明园西洋楼遗址老照片

图 3-88

圆明园西洋楼遗存

承德避暑山庄与外八庙（清，1703～1792 年）

承德避暑山庄，是清皇室的夏季行宫，是由众多的宫殿以及其他处理政务、举行仪式的建筑构成的建筑群，建筑风格各异的庙宇和皇家园林同周围的湖泊、牧场和森林巧妙地融为一体。避暑山庄不仅具有极高的美学价值，而且还保留着中国封建社会发展末期政治、民族、宗教的历史信息（图 3-89）。

图 3-89
承德避暑山庄

外八庙是河北承德避暑山庄东北部八座藏传佛教寺庙的总称，于清康熙五十二年（1713 年）至乾隆四十五年（1780 年）间陆续建成，包括溥仁寺、溥善寺、须弥福寿寺、殊像寺、普乐寺、普弥宗乘庙、普宁寺、安远庙（图 3-90）。

建外八庙是顺应蒙、藏民族信奉喇嘛教的习俗，“因其教而不易其俗”，通过“深仁厚泽”来“柔远能迩”，以达到“合内外之心，成巩固之业”。

图 3-90

承德外八庙。
左上：普乐寺；右上：普宁寺；左下：普陀宗乘庙；右下：安远庙

中国传统建筑文化

中国传统建筑的建造几乎没有学者的参与，是工匠们完成的。尽管有工官制度，但官员的工作主要是民夫的征召、材料的筹备、工匠的管理。工匠的特点是技艺的传承，往往还是家族的传承，如数代为清宫营造工作的“样式雷”“算房高”。加之中国传统社会的社会体制和意识形态的“超稳定性”，中国传统建筑有很强的传承性、稳定性、模式化，总体上看演进很慢，变化不大。

中国传统建筑的千年发展，从汉唐到清朝，审美和艺术方面呈现的是“退化”。从结构和斗栱的演变，屋顶和挑檐的变化，装饰和陈设的变化，审美品位和艺术表现从“高古”变向“低俗”，从“简约”变向“烦琐”,从“自然”变向“堆砌”,从“潇洒大气”变向“刻板雕琢”。

其原因是多方面的，有中国传统社会的政治制度、意识形态、社会体系方面的原因，有中国建筑自身发展的原因，有时代发展（商业发展和市民文化的兴起）的原因。其实到资本主义产生之时，弥漫在欧洲宫廷的也是繁缛装饰的洛可可风格。

从唐朝（佛光寺）的构架与宋朝、清朝构架的比较（图 3-91）可以看出，越往后，斗栱越小，越细致，最后从结构构件退化为装饰构件。

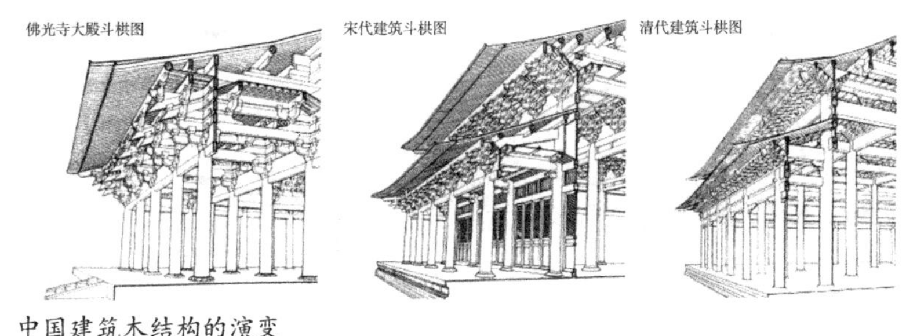

图 3-91
中国建筑木结构的演变

“可惜后代的建筑多减轻斗栱的结构上的重要，使之几乎纯为奢侈的装饰品。”

——林徽因（《论中国建筑之几个特征》，1932 年）

从宋元到明清，斗栱“（一）由大而小；（二）由简而繁；（三）由雄壮而纤巧；（四）由结构的而装饰的；（五）由真结构的而成假结构的；（六）分布由疏朗而繁密。”

——林徽因（《清营造则例》 绪论，1934 年）

汉朝、南北朝、隋、唐的雕塑 质朴稚拙、生动刚劲、雍容大度（图 3-92）。

图 3-92 汉唐风采

清朝宫廷 盘龙狰狞可怖，铜狮虚张声势，器物和建筑装饰繁缛，寓意低俗（蝙蝠—福、桃—寿）（图 3-93）。

风水是什么

今天有些人研究风水，认为风水是讲“人与自然和谐之道”，有些人认为相宅选址具有生态学的理念，是科学。其实风水的内容都是农耕社会人们没有力量改造自然条件带来的限制，加之人们流动性小，几百年在一个地方居住，从而积累起来的对居住环境适应自然的生活经验。世界上任何一个国家，在农耕社会阶段都有类似的

图 3-93

清朝皇家的审美

生活经验。罗马大学建筑系格佐拉教授经常来中国，他说意大利乡村择地，也是北面有山丘挡住冬天的寒风，前面坡地是葡萄园，有一条小溪流过。这些适应自然的生活经验当然有合理的成分。今天的生态学、气象学、地理学、环境科学、景观学和建筑物理学等对居住环境的研究远比风水深入和明晰。科学地研究风水并不等于风水是科学。风水是一种文化现象，但经常被加入迷信的色彩。尤其是堪舆术，讲的主要是“阴宅”，即坟地选址，荫佑子孙。

风水堪舆术以及其他一些迷信思想利用人们追求功利和“宁可信其有，不可信其无”的信条，把没有相关性和因果关系的事件联系在一起，做个体的解释，而不做普遍性的论证。与巫术近，与宗教远。

区分巫术、迷信与宗教并不难：凡是以一时、一事、一己之利而祈求超自然的力量（相信神灵、法术和仪式），那是巫术，是迷信；而宗教是人一辈子心灵上的信仰。那些藏民们，千里之遥，一步一个“长头”，磕到拉萨，到了大昭寺，供奉往供桌上一放，转身回去了，那就是宗教！

2008年，北京大学一位风水教授在凤凰卫视谈北京大学以前出人才，他认为是因为北大校园“风水”好。“这一条主轴是坐东朝西的，一直延伸的正对着的方向，就是玉泉山宝塔，从玉泉山的宝塔，一直把这个文气、把这个灵气引入到北大。”“这条中轴线就是要把军都山，太行山的吉气，把这个龙脉吉气引入到北京大学里面。”“后边那个塔叫做博雅塔，它原来是一个水塔，它也是一个风水塔，这个风水塔它是处在文王八卦方位的艮位。”“这样的设计起的作用就是整个北大都能够把吉祥的气聚拢起来，把凶煞的气挡出去。”然后他手一指，“现在大家看到在博雅塔的旁边立了一个大烟囱，这个大烟囱就破坏了北大的风水，所以北大现在能否出顶尖级的人物，我想还是可以从风水上作一些调整，作一些改善”。

燕京大学校园（1924~1926年），由美国建筑师墨菲规划设计（图3-94）。

这是一个美国建筑师，在中国“五四”新文化运动时期，规划设计的一个基督教教会大学，何来这些考虑？有文字记载，还是有他本人和校长司徒雷登的回忆录记载？北京大学当时在北京城里，1952年才搬到燕京大学的校址上。再说，那个供暖锅炉房的大烟囱，也是1929年就有的，为燕京大学提供了当时先进的暖气供暖，就像博雅（水）塔提供了自来水一样（图3-95）。这

图 3-94

燕京大学校园规划图

烟囱怎么“就破坏了北大的风水，所以北大现在能否出顶尖级的人物”，决定于烟囱，就要去掉它。其实这位教授很聪明，北京供暖要“煤改气”，煤锅炉的大烟囱要拆掉，北京大学是全国顶尖的大学，也一定会出“顶尖级的人物”，到那时他的话就“灵了”。

图 3-95

北京大学（原燕京大学校园）锅炉房大烟囱

左：现在北京大学的水塔和大烟囱；右：1929 年燕京大学水塔和供暖锅炉房烟囱

8 岁孩子“有”了墓地

据《广州日报》报道，阿宝是佛山某小学二年级的学生。前几天，阿宝来上学时，显得非常得意，见同学就问:“你们有墓宅吗？”原来，阿宝的爷爷、奶奶在南海区某墓园为他预订了一处墓地，“风水”极好。阿宝神气地炫耀:“我爷爷说了，我的墓地能保佑我考上大学，做大官。”

“五四”时期的历史任务:对“德先生和赛先生”（民主和科学）的追求，还任重而道远。

结 语

作为人类文明发展史的重要标志——建筑，因时代、地域、民族、国家的不同而错综复杂、内容浩瀚，建筑史、艺术史的书籍汗牛充栋，这本小册子只是对人类主要文明的古代建筑作了梗概性的介绍。读者若有兴趣，可以进一步阅读相关的书籍。

对于外国古代建筑，可以阅读陈志华先生写的《外国古建筑二十讲》（三联书店，文化艺术类书籍）和《外国建筑史—19世纪末叶以前（第三版）》（中国建筑工业出版社，大学教材）；也可阅读格兰西著、罗德胤译的《建筑的故事》（三联书店，普及性图书）和特拉亨伯格与海曼著、王贵祥译的《西方建筑史》（机械工业出版社，学术性书籍）。

对于中国古代建筑史，可以阅读梁思成先生1944年写成的《中国建筑史》和其后写成的*A Pictorial History of Chinese Architecture*，但因历史的原因，这两本书直到1980年代才得以出版，后者由美国麻省理工学院出版社出版，其后有中英文对照版《图像中国建筑史》。还可以阅读楼庆西先生的《中国古建筑二十讲》（三联书店，文化艺术类书籍）和刘敦桢先生主编的《中国古代建筑史》（中国建筑工业出版社，学术性书籍）。

图片来源[1]

第一章

图 1-1 ~ 图 1-3：网络下载

图 1-4 ~ 图 1-6：作者自摄

图 1-7、图 1-8：网络下载

图 1-9、图 1-10：作者自摄

图 1-11：网络下载

图 1-12：作者自摄

图 1-13：网络下载

图 1-14：作者自摄

图 1-15：陈志华 . 外国建筑史 [M]. 北京：中国建筑工业出版社，2004.

图 1-16：作者自摄

图 1-17：上两图为作者自摄，下两图为网络下载

图 1-18 ~ 图 1-23：网络下载

图 1-24：作者自摄

图 1-25：网络下载

图 1-26：作者自摄

图 1-27：左为作者自摄，右为网络下载

图 1-28：左下为作者自摄，其他为网络下载

---

① 本书图片来源已一一注明，虽经多方努力，仍难免有少量图片未能厘清出处，联系到原作者或拍摄人，在此一并致谢的同时，请及时与编者或出版社联系。

图 1-29 ~ 图 1-32：网络下载

图 1-33：作者自摄

图 1-34、图 1-35：网络下载

图 1-36：作者自摄

图 1-37 ~ 图 1-43：网络下载

图 1-44：作者自摄

图 1-45 ~ 图 1-49：网络下载

图 1-50：陈志华 . 外国建筑史 [M]. 北京：中国建筑工业出版社，2004.

图 1-51 ~ 图 1-53：网络下载

图 1-54：影视截屏

图 1-55、图 1-56：网络下载

图 1-57：左下为作者自摄，其他为网络下载

图 1-58：左为网络下载，右为作者自摄

图 1-59、图 1-60：作者自摄

图 1-61 ~ 图 1-64：网络下载

图 1-65、图 1-66：作者自摄

第二章

图 2-1：网络下载

图 2-2：作者自摄

图 2-3：网络下载

图 2-4 ~ 图 2-7：作者自摄

图 2-8 ~ 图 2-16：网络下载

图 2-17：作者自摄

图 2-18、图 2-19：网络下载

图 2-20：学生拍摄

图 2-21 ~ 图 2-26：网络下载

图 2-27：左为学生拍摄，右为网络下载

图 2-28 ~ 图 2-30：网络下载

第三章

图 3-1：清华建筑学院资料室提供

图 3-2：刘敦桢 . 中国古代建筑史 [M]. 北京：中国建筑工业出版社，2008.

图 3-3：网络下载

图 3-4：刘敦桢 . 中国古代建筑史 [M]. 北京：中国建筑工业出版社，2008.

图 3-5：右边两张为作者自摄，其他为网络下载

图 3-6：梁思成绘

图 3-7 ~ 图 3-10：网络下载

图 3-11、图 3-12：左为网络下载，右为作者自摄

图 3-13 ~ 图 3-17：网络下载

图 3-18 ~ 图 3-20：刘敦桢 . 中国古代建筑史 [M]. 北京：中国建筑工业出版社，2008.

图 3-21：梁思成绘制

图 3-22、图 3-23：网络下载

图 3-24：梁思成 . 图像中国建筑史 [M]. 北京：生活 · 读书 · 新知三联书店，2011.

图 3-25：梁思成 . 中国建筑史 [M]. 天津：百花文艺出版社，1998.

图 3-26、图 3-27：网络下载

图 3-28：梁思成 . 图像中国建筑史 [M]. 北京：生活 · 读书 · 新知三联书店，2011.

图 3-29 ~ 图 3-35：网络下载

图 3-36、图 3-37：作者自摄

图 3-38、图 3-39：网络下载

图 3-40：梁思成绘制、拍摄

图 3-41：作者自摄

图 3-42：网络下载

图 3-43：左为作者自摄，右为梁思成 . 中国建筑史 [M]. 天津：百花文艺出版社，1998.

图 3-44：网络下载

图 3-45：左为梁思成拍摄，右为网络下载

图 3-46、图 3-47：梁思成绘制、拍摄

图 3-48：左为网络下载，右为作者自摄

图 3-49：网络下载

图 3-50：梁思成绘制、拍摄

图 3-51：网络下载

图 3-52：左下为作者自摄，其他为网络下载

图 3-53、图 3-54：网络下载

图 3-55：上为网络下载，下为作者自摄

图 3-56：梁思成拍摄

图 3-57：左为作者自摄，右为梁思成拍摄

图 3-58：作者自摄

图 3-59：左上为梁思成拍摄，右边两张为作者自摄，其他为网络下载

图 3-60：网络下载

图 3-61：左为网络下载，右为梁思成 . 图像中国建筑史 [M]. 北京：生活 · 读书 · 新知三联书店，2011.

图 3-62：上为网络下载，下为作者自摄

图 3-63：左为梁思成 . 图像中国建筑史 [M]. 北京：生活 · 读书 · 新知三联书店，2011. 右为网络下载

图 3-64 ~ 图 3-68：网络下载

图 3-69：左图为作者自摄，右为网络下载

图 3-70：作者自摄

图 3-71：左下为作者自摄，其他为网络下载

图 3-72、图 3-73：网络下载

图 3-74：左为网络下载，右为作者自摄

图 3-75：作者自摄

图 3-76 ~ 图 3-81：网络下载

图 3-82：作者自摄

图 3-83 ~ 图 3-85：网络下载

图 3-86：作者自摄

图 3-87：网络下载

图 3-88：作者自摄

图 3-89、图 3-90：网络下载

图 3-91：梁思成 . 中国建筑史 [M]. 天津：百花文艺出版社，1998.

图 3-92：左下、右下为作者自摄，其他为网络下载

图 3-93：网络下载

图 3-94：墨菲绘制

图 3-95：网络下载

图书在版编目（CIP）数据

建筑的文化理解——文明的史书 / 秦佑国编著. — 北京：中国建筑工业出版社，2017.12（2022.1重印）
（建筑科普丛书）
ISBN 978-7-112-21632-1

Ⅰ.①建… Ⅱ.①秦… Ⅲ.①建筑艺术 — 世界 Ⅳ.① TU-861

中国版本图书馆CIP数据核字（2017）第305076号

责任编辑：李 东 陈海娇
责任校对：芦欣甜

建筑科普丛书
中国建筑学会 主编
建筑的文化理解——文明的史书
秦佑国 编著
*
中国建筑工业出版社出版、发行（北京海淀三里河路9号）
各地新华书店、建筑书店经销
北京京点图文设计有限公司制版
北京建筑工业印刷厂印刷
*
开本：880×1230毫米 1/32 印张：5⅜ 字数：129千字
2018年1月第一版 2022年1月第二次印刷
定价：29.00元
ISBN 978-7-112-21632-1
（31198）